明媚生活的收纳魔法

（日）mk 著 田葳 徐英东 译

黑龙江科学技术出版社

前 言

舒适生活你也可以拥有

我不擅长打扫卫生，不会裁剪缝补，烹饪水平也是普普通通。从这方面说，作为一名家庭主妇，我在合格线以下，但我特别擅长“收纳”。收纳不同于做饭做菜和打扫卫生，只要用心地做一次，就可以长期享受其成果。凡事总要考虑得失的我，无论如何都无法抗拒收纳的妙处。

自从专注于收纳后，我就彻底迷上了它。日子一天天过去，我逐步总结出方便快捷的收纳方法，而且能够对家中的物品做到全部掌控，我可以在最短的时间内找到所需的物品。每当此时，我内心的欢愉无以言表。

开始进行收纳时，或许会付出很大的努力，也要花费大量的时间。然而，一旦你享受到收纳带来的舒适生活，就会觉得这一切都是值得的。如果读者阅读此书也能够拥有舒适的生活，那便是我最大的荣幸了。

做好收纳的三个要点

与做饭做菜及打扫卫生不同，收纳一旦形成自己的风格，以后就会很轻松。对于凡事嫌麻烦的我来说，收纳可以说是最喜欢的家务了。下面是我的主要心得。

1.特别要强调的是，选择收纳方法和用品时不能盲从

我感觉做收纳就像在路边的无人售货店里购物。无人售货店里没有售货员进行推销，顾客可以按照自己的喜好和判断挑选商品。而在超市却无法做到这一点，因为商家提供的信息和暗示太多。在考虑如何进行收纳时，如果有人提供建议说："这样做比较好！"人们心里便会认为对方说得有道理，下意识地进行模仿。我就曾经有过这样的经历，完全按照杂志介绍的那样选择收纳方法和收纳用品，结果适得其反。原因就在于，明明家庭结构和房间布局不同于杂志上的介绍，却生搬硬套。在选择收纳方法和收纳用品之前，首先应考虑自己家的情况。要做好收纳，这是第一步。

2.将日常生活中给自己带来不适感的地方拍下来，从能做的做起

很多人都认为收纳应该首先从"主妇的领地"——厨房或其他狭小空间着手。最开始，我对此也深信不疑，结果屡屡以失败告终。原因就在于我们往往在收纳的过程中只重视空间整理，却忽视了便捷性。

后来，我改变做法，不急于决定从哪里开始，而是用手机把日常生活中给自己带来不适感的地方拍下来。先把握自己的生活，找到问题所在。然后，综合考虑将要付出的精力和时间，从能着手做的地方做起。

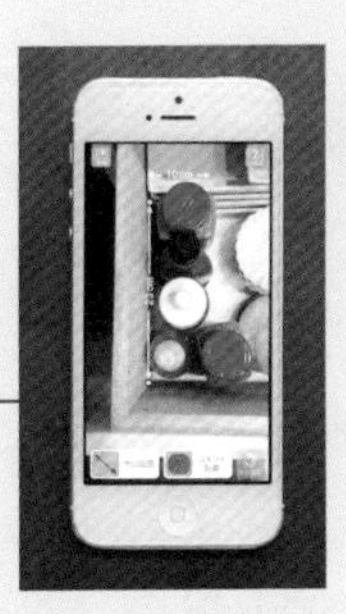

利用可以记录尺寸的APP标注好照片，外出时，可以随时按图索骥，寻找合适的收纳用品。

3.根据收纳素材本，合理进行收纳

启发我收纳灵感的是积攒在手机里的大量图片。在翻阅杂志、书籍的过程中，每当我发现中意的收纳方法时，我便会用手机一一拍下。收集起来的这些图片可以说是我独有的素材本，一有时间我就反复研究，仔细琢磨是否符合我的需要，并对照在第 2 个要点中已经发现的问题，思考解决之策。我并未机械地遵循图片中的收纳方法，例如，用于厨房的收纳方法我也用于储藏室，总之，能满足自己家的需要就可以。

目　录

第1章　我的收纳理念

第2章　舒适的休闲空间

第3章　儿童空间的设计方法

第4章　厨房和衣帽间的收纳原则

\ 我家房屋的格局 /

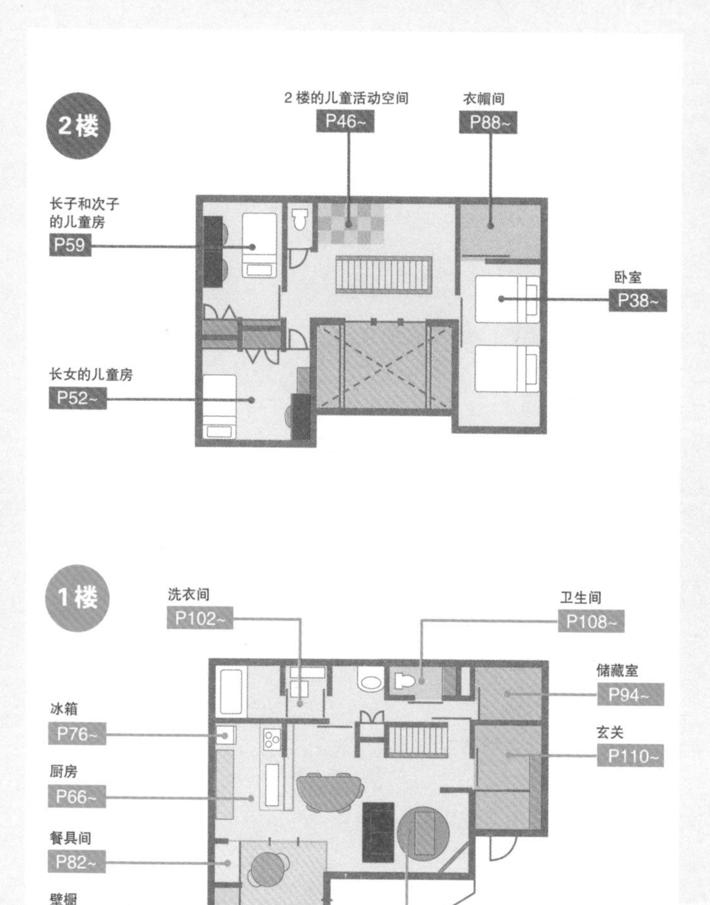

夫妻 2 人、7 岁的女儿、5 岁和 2 岁的儿子，五口之家居住在定制的独门独院两层小楼内。房子建于 8 年前,房间设计以内部楼梯为中心，要求设计方能够确保主人日常活动方便。起居室旁边是一间和室，供大家一起做游戏。壁橱里放着的都是 1 楼使用的物品，这样就可以免去反复上 2 楼拿取的麻烦。现在孩子还小，主要在 1 楼活动，等到孩子大了再将这些用品移到 2 楼。我打算慢慢打造我们的小家。

第1章　我的收纳理念

有一个说法，“家如其人”，确实如此。
我想，我的家就充分体现出我这个“管家”的性格。
不擅长装饰，却想享受家装的乐趣。
扔东西不心疼，却为不能充分利用空间而感到可惜。
不想做家务，却想生活得舒适。
总之，想按照自己的想法打造自己的家。
为此，我用心琢磨收纳与家装，精心进行小小的DIY。
老公和孩子们也参与其中，使我的家常换新颜。

chapter

1

1 在开放式置物架上摆放生活用品

不擅长装饰的我一次在更换洗手间毛巾时，突然萌发出把生活用品摆放到搁板上的想法。这以前，我家一直都是对付着用赠品毛巾的。样式各异不说，叠放得也很随意，总感觉和自家的氛围不相符。一次，我认真叠放素色毛巾，发现效果大为改观。从此，我改变了以往的看法，力求让生活用品充分保持与居家空间的和谐，而不再一味地配备各种日用杂货。

我对以下两个方面非常在意。一是颜色的选择，我尽量选择绿色、茶色、米色等自然色。在不能按照我的意愿布置儿童房物品时，我就会使用色彩装饰空间。这样可以吸引人的注意力，使人不再关注物品的凌乱。二是空间的连续性。摆一个装饰品的话，会感到非常突兀，所以会买两三个装饰起来。这样，就产生了韵律感，空间变得紧凑，给人的感觉非常酷。

厨房的搁板。餐具和水壶颜色选用乳白、米色、黑色、绿色。锅垫、托盘、咖啡壶选择木质，统一为自然色。

儿童房搁板的背景墙面采用醒目的蓝色。摆放什么物品由女儿决定，极具视觉冲击效果的颜色可以巧妙地把视线从杂乱的物品中移开。

洗衣间的装饰注重毛巾的摆放。选择优质毛巾可以兼顾实用性和装饰性。搁板上并排摆放两个玻璃广口瓶让空间富于变化。

2 用挂钩和挂杆收纳物品

我家收拾房间时是全体总动员的。为此，我必须找到丈夫和孩子们都能参与进来的方法。

一个方法就是尽可能减少取放的步骤。比如，要把物品放入带盖子的盒子再放入抽屉里时，要有两个步骤：①打开抽屉；②打开盒子盖。这种做法即使是我这个成年人也觉得麻烦，往往无法坚持下来。但是，如果把物品用挂钩或挂杆挂起来会怎么样呢？只需把手伸过去就可以取放了，无论什么样的懒人都能轻松做到。

悬挂收纳的好处就是，只要有可以安挂钩和挂杆的墙面，哪里都能轻松收纳。使用场所和收纳场所离得近的话，也容易做到用后放回原处。如果发现物品没有放在本该收纳的位置的话，我就会立刻开始寻找。想必，有这种经历的人，不止我自己吧？总会不由自主地想把东西用挂钩和挂杆挂起来。用这种收纳方法，我的丈夫和孩子们也能做得到心应手。

1.厨房的水槽一侧挂桌旗和隔热布垫。这个位置从起居室就可以看到，所以，挂杆选择漂亮的黑色。
2.镀铬挂钩与卧室的氛围很协调。夏天挂孩子们的毛巾被，冬天挂大人的家居服。

随处可用的悬挂收纳法

安上挂钩或者挂杆，哪里都可以成为收纳场所。下面介绍我家的做法。

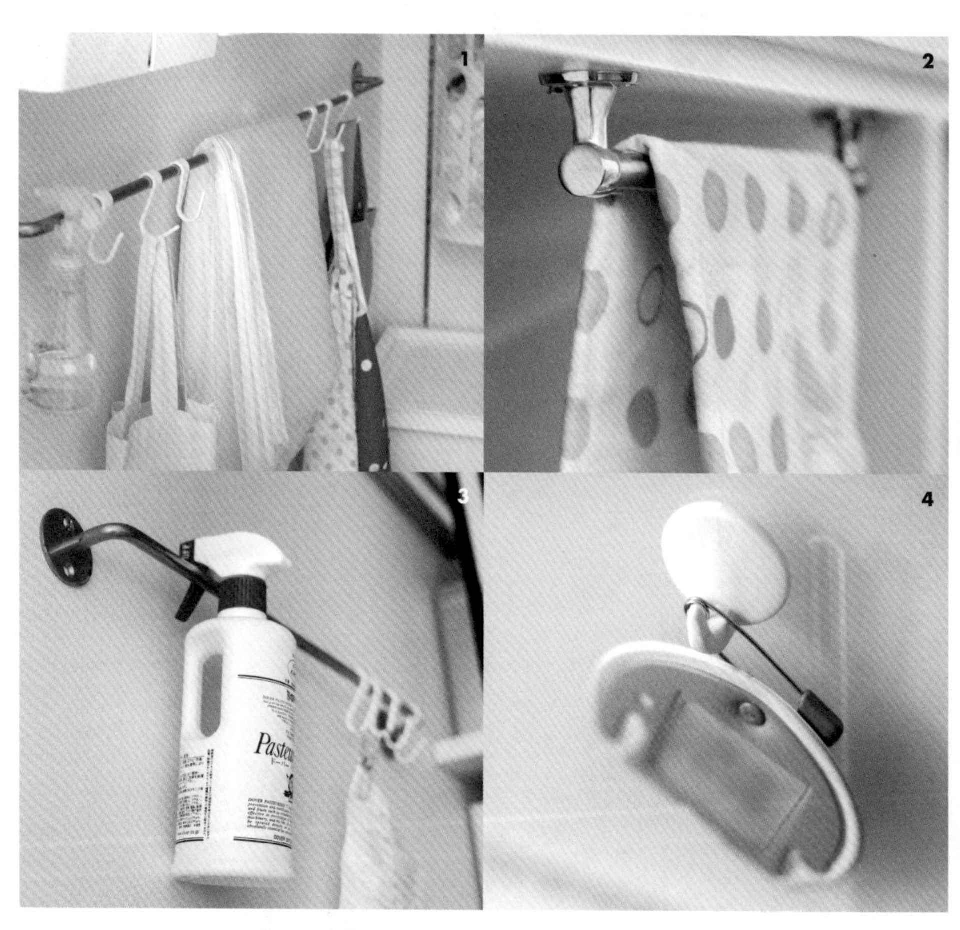

1.从外包装袋中取出垃圾袋，把拎手用挂钩挂到挂杆上。这样，使用时会很方便。
2.厨房的橱柜搁板底面安装挂杆，挂孩子用的毛巾。从起居室看不到这里，这种收纳方法很不错。
3.不锈钢挂杆物美价廉，餐具区的除菌喷壶的喷嘴部分正好可以挂在这里。
4.装长子幼儿园物品的收纳箱。在抽屉正面粘上挂钩，挂上写有名字的胸牌。
5.一楼的衣帽间。游泳圈保持充气状态以便悬挂。呼啦圈很细，非常适合挂在墙面上。
6.玄关墙面安上挂钩，用来挂雨衣方便沥干。
7.厨房炉具侧面挂围裙等。
8.利用壁橱的墙面挂披肩、丝巾。由于使用频率较低，所以可以置于里侧。
9.手盆架的柜门背面粘上挂钩，用来挂长女的头绳儿和发箍。
10.将通常放在鞋柜上方的钥匙挂在柜门里侧的粘钩上，进行定位管理。旁边挂悬挂式除味剂。

5
6
7
8
9
10

3 DIY打造私有空间

不擅长手工制作的我开始DIY的目的主要有两个：一个是充分利用空间，另一个是更新装饰。

一旦发现家里没有利用好空间，我就会感到别扭，总想进行改变，心里跃跃欲试。这是我们刚结婚时住两居室公寓期间养成的习惯。

每当有居家用品无处放置时，我就会自己开发最合适的收纳场所，以充分利用好空间。其实很简单，就是安装个架子或是做个箱子之类的。工具只要有3种“神器”即可。没有规划的大块空间不加处理的话，会变成什么都乱放的房间，我进行DIY的目的就是为了避免这种情况的发生。

另一个做法就是粉刷墙面，打造自己的空间。因为墙面的喷涂色彩可以极好地改变房间氛围。我可以既经济又方便地打造自己的空间。

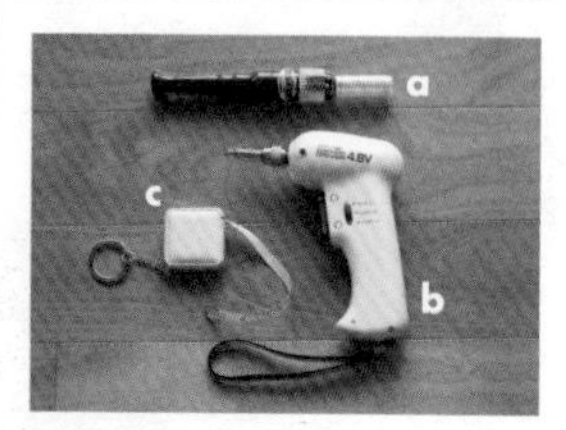

3种“神器”

（a）针式刻度标尺，可以精确找到适合钉钉子的地方。（b）小型的手动电钻，马力不大也没问题。（c）卷尺选自己喜欢的即可。

1.为了保证一有灵感就可以马上投入制作，我选择在起居室的地板和玄关门厅处进行DIY。不必因为害怕失败而迟迟不敢动手。

2.长女房间的墙壁采用成熟而漂亮的蓝色，不会让人生厌，与床上的纱帐相得益彰。

用板材和L型五金件巧用空间

衣帽间、室内楼梯下方、手盆下……这些没有隔断的大的空间难以利用，我会利用板材和L型五金件做成柜子，把大空间改造成方便使用的按功能区分开的小空间。

用胶粘牢置物架

根据手盆的长度和纵深，手工打造带腿的柜子。只需将白色板材用木工胶粘牢即可。适当加上背板，防止上方的盒子掉到后面去。这样就做成了两层架子，收纳空间得以完美利用。

餐具区的烤盘专用架只需将板材用木工胶粘牢即可。黏合剂粘得非常牢固，板材可以在大型家装中心请人截好。

玻璃架的构造(3段的情况)

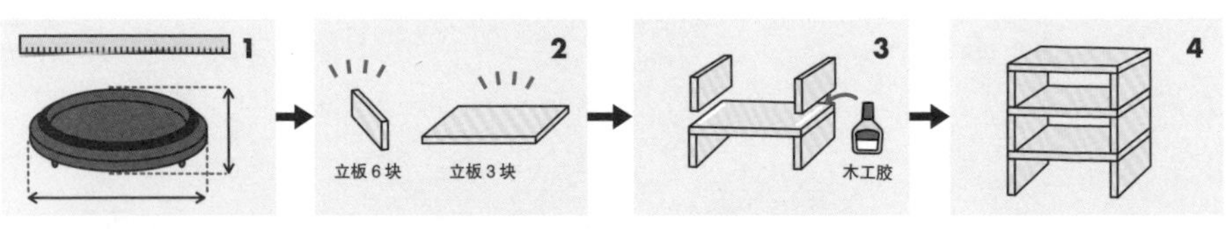

1.首先测量待收纳物品的大小，决定置物架的尺寸。算好3个横板和6个立板的尺寸。

2.可以去大型家装中心付费请人按步骤1中算好的尺寸截好板材，非常方便。

3.在横板和立板的接合部涂上木工胶，粘牢。不要一口气粘完，要粘好一层，等待胶干好后再粘第二层、第三层。

4.木工胶变得透明时，就说明干透了。至此，大功告成。

三角形室内楼梯下方难以利用的收纳空间，可以安装双层置物架。在搁板上安装好L型五金件，然后固定到墙上。上方可以放整理箱或抽屉，下方搁板背面安上挂杆挂拖布。

L型五金件的安装方法

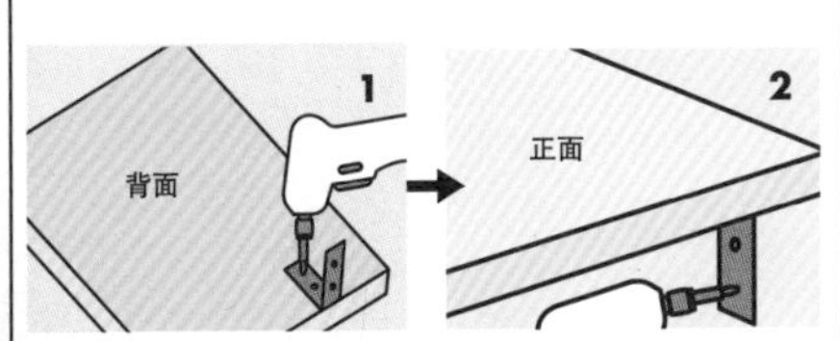

用电钻将L型五金件固定在板材背面的边缘处。
将板材翻过来固定在墙面上。

利用卫生间窗下的空间安装一个搁板。将板材用白色五金件固定在墙上。上方放洗涤剂、厕纸等。既合理安置了日用物品，又装饰了空间。

在衣帽间的死角设置简易置物架。安装好4根支撑搁板的五金件和小固定栓，然后摆上在大型家装中心截好的搁板即可。搁板上下可调，使用方便。支撑搁板的五金件颜色建议选用白色，以便与墙体颜色协调。

用支撑搁板的五金件制作置物架

（右）不锈钢支撑托件
（左）支撑柱

巧用涂料装饰房间

可大面积使用的涂料特别适合凸显房间的情调。颜色可自由选择，营造出符合个人品位的气氛。可以尝试各种调节房间氛围的风格。

长女房间的墙壁。利用长女升入小学的契机对白色墙面进行了粉刷。考虑到房间门窗的颜色和长女的喜好，选用了沉稳的蓝色。这样一来，墙面的装饰变得令人期待。

长子、次子的以黑色和木纹为基调的房间。颜色厚重的家具居多，所以选用了凸显男孩硬朗气质的暗军绿色。

有段时间特别流行墙面喷涂，人们希望借此改变单调无趣的玄关空间，我家也在这个时期重新粉刷了墙面。墙体粉刷成灰白色。配上字母表装饰画，凸显出男人气质。

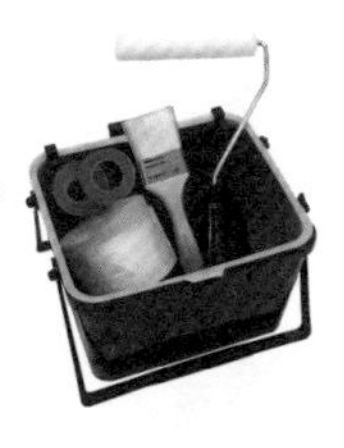

适合无经验者的一套粉刷工具

墙面漆

迷你专栏　简单修补

缺乏DIY知识和技能却一心要装饰空间的我时常失败。为此，我掌握了修补的方法。风险管理不可怠慢。

填缝

将填缝剂挤入钉孔。用搭售的小刮板抹匀，用吹风机热风吹几秒即可。

撕下贴纸

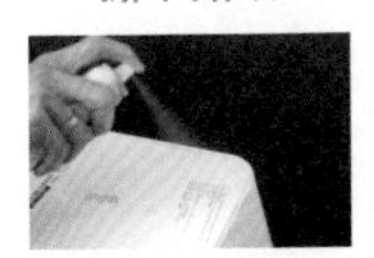

有些收纳箱的贴纸粘得很牢，喷了除胶剂后可以轻松撕下，干净而不留痕迹。

修补墙面

对于翘起的壁纸，可涂抹墙面胶。用刮板抹匀，用吹风机热风吹几秒。

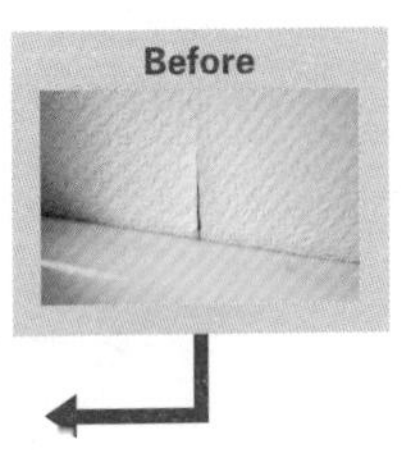

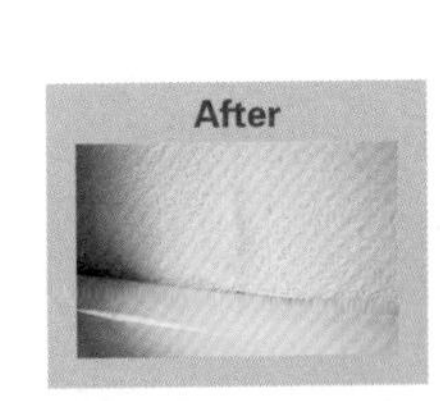

4 把壁橱打造成置物的舞台

我们全家都是怕麻烦的人。收纳处离自己稍微远一点儿都会懒得放回原处。比如，都喜欢把外衣随手放在沙发或椅子上，谁都不愿意爬到二楼把衣服放在衣柜里。幸好壁橱紧邻客厅和餐厅，非常适合放外衣。于是我将壁橱的一部分设计成西式衣柜的空间样式，用来放置日常穿用的外衣。

从此，我开始琢磨怎样才能更好地利用壁橱。大而深的壁橱容易成为杂物间，我用搁板和收纳箱将其分割成5个部分。分割成小的空间后，功能规划清晰，使用方便。

除了外衣，还有背包、纸尿裤、孩子上幼儿园用的物品、浴后穿的睡衣……，我把外出用的东西和一楼常用的物品都集中在这里，免去了到处找的麻烦。一个地方就可以解决问题，这对家有小孩子的我来说真是太方便了。

被褥空间
大人衣物区
玩具区
儿童用具区

挂衣杆挂长的物品

利用壁橱里侧架子的侧面挂外衣。将挂衣杆和挂件横向安装。便于取用衣物。

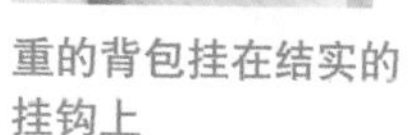

重的背包挂在结实的挂钩上

日常用的背包里面放着常用的东西，非常重，所以要选用结实的挂钩。材质以美观的镀铬挂钩为好。

把杂物藏在塑料整理箱内

透过前面的金属篮子，内部物品一览无余。使用塑料整理箱，在内侧贴上贴纸，可以遮挡视线。整理箱里面放购物袋等虽不是每天都用却也是使用频率颇高的物品。

临时用品篮

放置一个装临时用品的篮子。在放入楼上的衣柜或挂到毛巾架之前可暂时放在这里。

悬挂孩子用品的挂衣架

在中层搁板下方，安装挂衣架，挂儿童外衣、双肩背包、帽子等用品。

幼儿园用品集中放在这里

罩衣、体操服、擦手巾、餐垫……，幼儿园的用品复杂多样，所以使用抽屉分类摆放。孩子自己也能看到里面的衣物。

衣服挂选用光滑的木制品

衣服挂在光滑的衣挂上，只要伸手一拽就可以拿下来了。外衣比较厚重，不会自己从衣挂上滑落下来。

篮子颜色因人而异

蓝色的篮子放长子的物品，粉色的篮子放长女的衣物。提前把第二天要穿用的衣服放在篮子里，早晨就轻松多了。孩子也可以把脱下来的睡衣放在篮子里。

方便的手提袋

不容易立着放的手提袋挂在墙上。手提袋里不放重的东西，所以用普通粘钩即可。

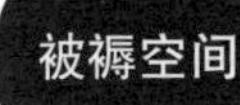

被褥空间

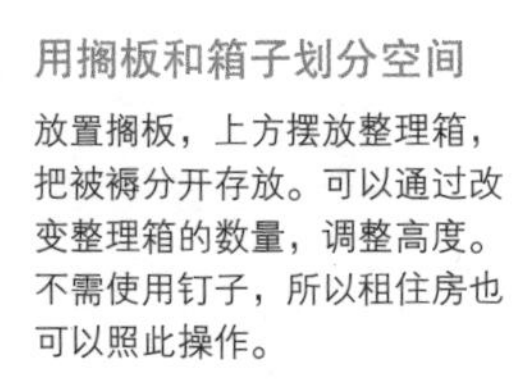

用搁板和箱子划分空间

放置搁板，上方摆放整理箱，把被褥分开存放。可以通过改变整理箱的数量，调整高度。不需使用钉子，所以租住房也可以照此操作。

根据要收纳的被褥大小把整理箱分在两侧摆放，整理箱左右各两层。

准备2个150cm×30cm的搁板，搭在整理箱的上面。

右侧搁板上方再叠放两个整理箱，将搁板放在整理箱中间固定好。

完成！

搁板上放置客用被褥，搁板下放置孩子用的夏凉被。将被褥分层存放，方便取用，不会坍塌。

玩具区

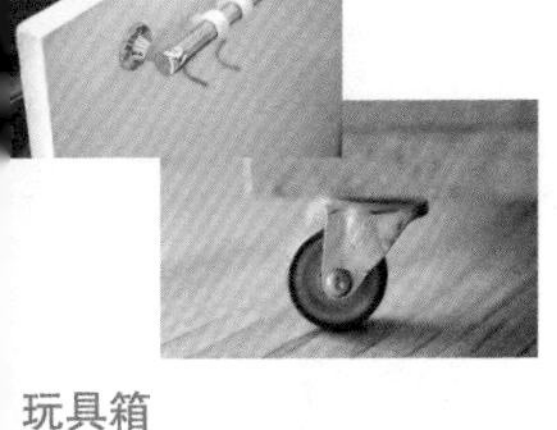

玩具箱

将改造的玩具箱，用以放置积木等玩具。正面安上挂杆，底部有轮子，所以孩子也能轻松拉出。

临时用的餐桌

将过去起居室使用的餐桌腿朝前侧放。其中，放置玩具箱和玩具车，这样死角就得到了充分的利用。

薄被放在箱内

夏凉被或薄毯子等薄的被褥可以叠起来存放。和厚的被褥放在一起的话，就会被压扁，所以要分开存放。取用不频繁，所以放在架子上面。

方便取用的带拉手的收纳箱。

简单的手工标签

看不到内容物的收纳箱可以安上手工制的标签。

壁橱的使用技巧

壁橱深处巧利用

轻松拉开拉门小技巧

没有拉手的拉门完全重叠后不易拉开。可在拉门内侧放一个木条，使用木工胶固定即可避免两扇拉门的完全重合。

5 装饰要优先考虑自己的喜好

我喜欢装潢，但对流行款式不熟悉，对名牌也不感兴趣。尽管如此，我还是希望能享受到装潢的乐趣，所以我会按照自己的喜好，结合家居的氛围选择装饰物品。

过去我曾有失败的经历，当时购买物品只顾赶潮流，事后却发现所选之物并不适合自己的家。当时的我有些盲从，以为流行的装饰品买回来摆放在家里就一定会是赏心悦目的。换句话说，我太注重追赶潮流，而忽视了自己真正的喜好。

而现在，我会优先考虑自己的喜好与风格。比如，在我家随处可见的装饰织物，其中不少是北欧的大牌商品，但我并非仅仅被品牌的知名度所吸引而盲目选择，而是因为这些织物上有我喜欢的几何图案。

根据自己的喜好进行家庭装饰的话，自然就会风格协调统一。这是我这个装饰菜鸟经过失败总结出来的简单法则。

1.用铆钉机把布固定在帆布板上，制成手工织物装饰板。
2.给和室的绿植套上一个藤编的花盆套，打造扑面而来的自然风。
3.黑沙发搭配灰色和黄色系的靠背垫。
4.用黑框和贴纸装饰墙面。右上是英文单词装饰画，左下是打印出来的餐具的黑白照片。

6 将收纳与现在的生活紧密结合起来

我无法忍受不便利的生活。在日常生活中只要稍微感到哪里别扭，我就会重新考虑收纳方法。调整收纳方法或是收纳用品，使之适合自己的生活。

比如，儿童空间。随着孩子的成长，玩具自然会有所改变。种类越来越多、尺寸越来越小。孩子的整理能力也会随之提高，能够分清什么东西该放在哪个箱子里。

因此，我家会根据孩子年龄的不同而采用以下3种收纳方法。

2岁之前：不分类，扔在没有分隔空间的收纳桶或者收纳篮里。

3~5岁：粗分为几大类，分别放在不同的箱子里。

6岁以后：细分，放在有格子的收纳箱里。

这是我这个有8岁、5岁、2岁孩子的家庭总结出来的收纳方法。虽然3个孩子性格各异，但是用这个方法就能应付得来。

我一直都是根据孩子的成长以及生活的变化，逐步改变收纳方法的。

玩具摆放架的微调

2岁前使用塑料篮，只要扔到里面即可。篮子建议使用敞口的。左上的篮子摆放玩具轨道，右下的篮子收纳玩具车。

毛绒玩具放在孩子能拿到的位置，让他自己取放。

到了这个年龄段，孩子已经可以根据玩具的种类将玩具分类收纳在不同的容器内，可以准备多个小盒子。

准备与玩具种类相同数量的容器，分别盛放四驱车和面具骑手。外侧贴上照片代替标签。

7 借助工具轻松打扫房间

洗衣、购物、做饭、接送孩子……。对主妇来说，家务是一连串的工作，不擅长房间打扫也情有可原。我并非每天都认真打扫，不做硬性规定，只在时间允许的时候打扫。所以，有时候干脆不收拾房间，也有时候非常用心地做家务。我不会给自己机械地规定自己必须做的家务活儿，而是采取灵活宽松的办法让自己能应对。

为此，必须把家布置成可以轻松打扫的环境。打扫卫生的核心工作是地面卫生，我喜欢使用充电式吸尘器。另外，因为每次打扫都要挪动绿植，所以我自己DIY了一个有轮子的花盆架，这样就可以轻松地用一只手挪动花盆，另一只手扶着吸尘器。出于同样的理由，室内晾衣架我也不使用落地式的，而是固定在墙上。

由于把家调整成容易打扫的状态，每天的家务变得轻松而容易坚持。

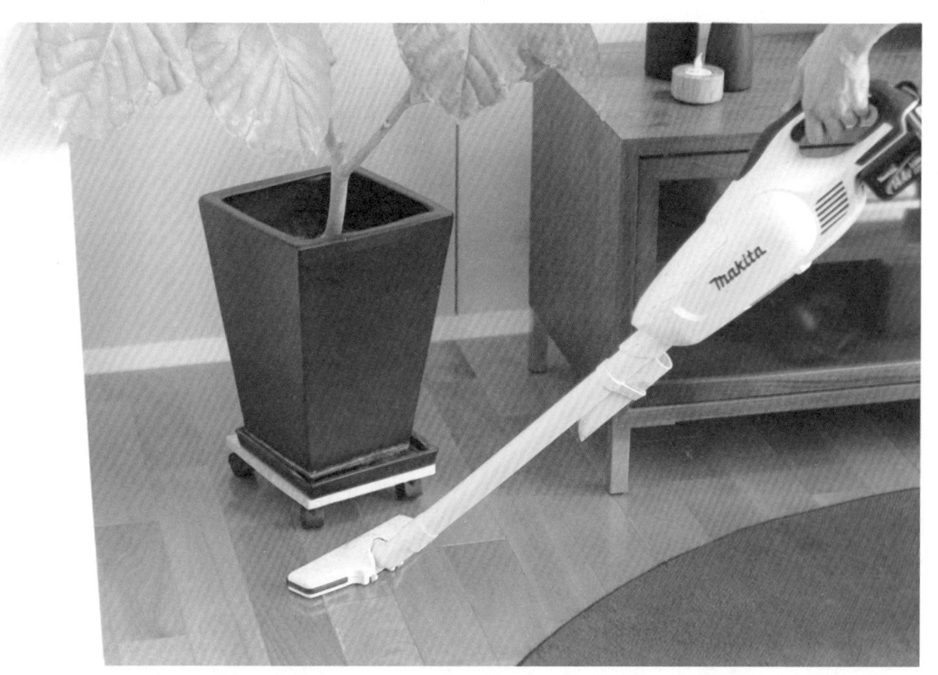

起居室的花盆放在有轮子的花架上，用手轻轻一推就可以移动，打扫卫生时非常方便。充电式吸尘器想用就用，非常便捷。我家的垃圾主要是掉落到地面的饭菜和纸屑，所以我特别喜欢用吸尘器。

充电式无线吸尘器

带螺丝的转向轮

立式晾衣架会妨碍打扫卫生，所以我选用固定在墙上的晾衣架。不仅晾晒方便，还可以长时间不收衣物，简直太方便了。

专栏1 通过DIY让闲置的物品“复活”

节俭的我，追求物尽其用。

其中用来DIY的盒子、桌子等的木质板材，像我这样的DIY初级选手也可以轻松加工，尺寸更改也很容易。可以加装轮子或把手，移动起来方便灵活，喷漆改变风格也很简单。

特别是儿童房，会随着孩子的成长不断更新物品，喜好也会有所改变，所以我很想能够通过自己动手来做好这些。照片上的双肩背包收纳区的收纳用品原来分别用在起居室和壁橱里，右下角的挂物架过去是作为简易的电脑桌使用的。

使闲置的物品重获新生时的快乐和创造出新的空间、开发出新的用途时的欣喜，使我痴迷于DIY，欲罢不能。

起居室的开放置物架的搁板被二次利用。为避免左右摇晃，安装了L形五金件。

把壁橱收纳用的架子拆解开，改造成双肩包收纳区，底部安装了轮子。

改造不再使用的电脑桌，在底部安上挂衣杆，用来挂裤子、裙子。

第2章　舒适的休闲空间

我喜欢节俭，在利用时间上也提倡高效。总想迅速做好家务，多留出一些自己可以自由支配的时间。

孩子们就寝后，我在起居室或卧室享受自己的时间，读书、看电视。想来我所需要的东西很少，所以不需要大的收纳空间。

但是，衣帽间和室内楼梯下方我利用得很充分。

宽敞整洁的起居室和卧室，让人心情愉悦，精神放松。

chapter

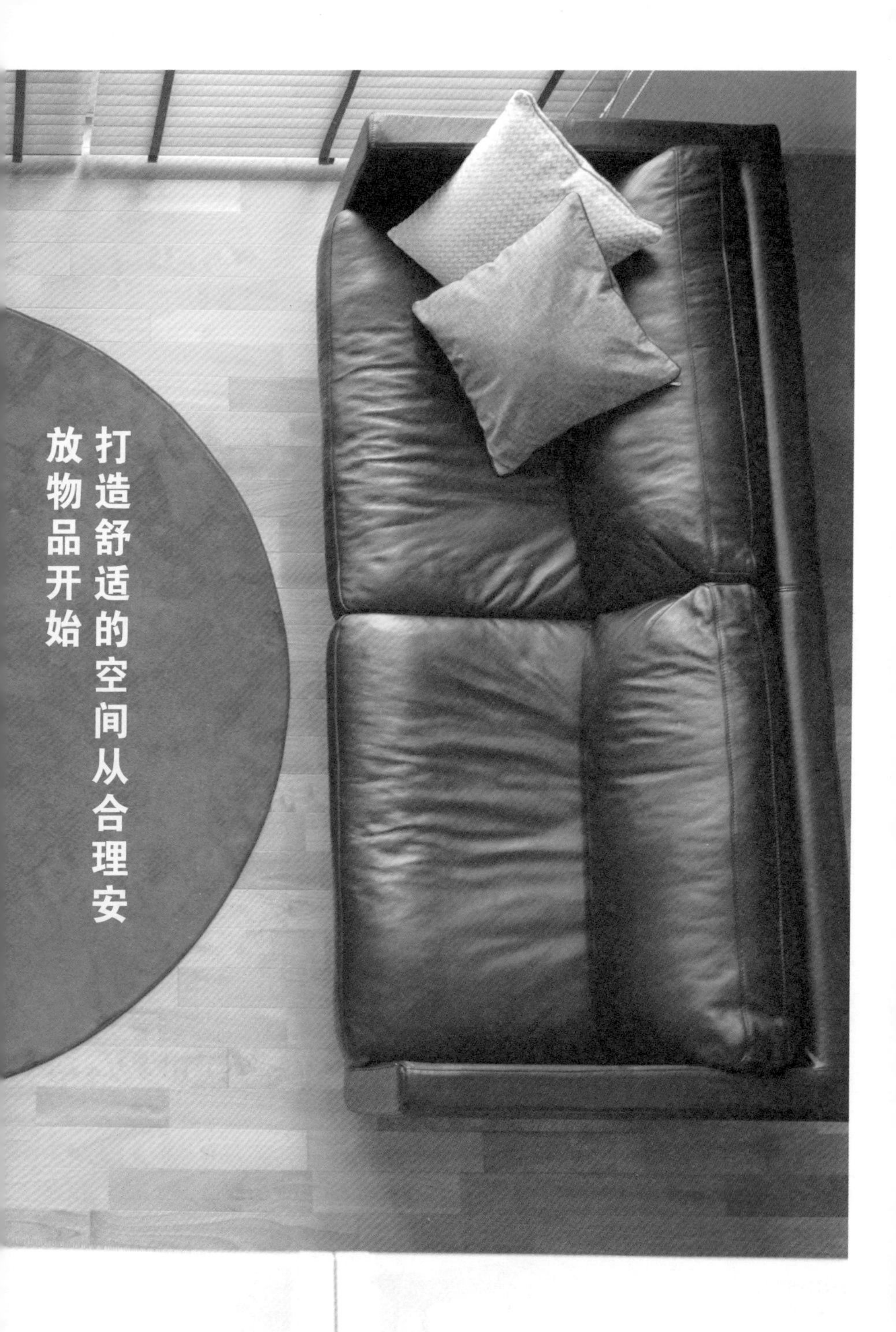

打造舒适的空间从合理安放物品开始

起居室和餐厅

livingroom & diningroom

极简装饰

为保证起居室的宽敞开放感，客厅没有摆放展示柜。电视柜用于摆放电视和放像机，除此之外只放小装饰物，以使打扫卫生更轻松。

利用抽屉收纳DVD

电视柜的抽屉放置我行生和孩子看的DVD碟片。白色的收纳盒之前用在别的地方，也是放CD和DVD碟片的，这次因为尺寸与电视柜抽屉相符，所以就直接使用了。

可折叠茶几

折叠后，体积小而不占空间，小朋友来玩的时候，可收在沙发下，给孩子们一个可以自由奔跑玩耍的空间。重量大约10公斤，可以轻松挪动。

打造一个全家人共享的舒适环境

家里的装饰基本都按我个人喜好布置，但起居室是个例外。我要打造出能够反映我和我先生品位的全家人可以休息放松的空间。

窗户采光

窗户外侧采用卷帘，内侧安有木质百叶窗帘。这样既可以保证外侧光线射入房间内，又能很好地保护个人隐私。卷帘是在婚后数年发现其必要性后自己安装的。

窗户卷帘，材质可以机洗，180cm×180cm

深得我和我先生喜爱的沙发

我和我先生商量后，购入了这款稳重大方的黑色沙发，即使脏了点也不会很明显。

休闲空间无须杂物

起居室是家人放松的场所，所以这里我只摆放了生活必需品和收纳这些物品的家具。

我先生完成一天所有工作后来起居室休息到就寝前。作为家庭主妇的我，白天也几乎没有时间看电视或坐在沙发上发呆。孩子们看到父母这样，也学着在睡觉前刷牙后才来起居室。看看电视、打打游戏、读读画本……，每人手里都有一样东西，睡觉前都会自己放回原处。

“起居室是休闲空间”，这是我们一家人的共识，所以我们从不会把多余的物品拿到这里。因此，我家的起居室能够一直保持整洁有序。

体现季节感的装饰集中摆在一处

起居室的装饰物品，我只集中放在电视柜的一角。我天生不喜欢打扫卫生，所以尽量不在这里放置物品，但还想要享受装饰的效果，所以就给自己规定了摆放装饰品的空间范围。

装饰品随季节或节日而更换。因为是全家人的空间，所以这里主要摆放孩子们喜欢的物品。圣诞节或万圣节的时候，孩子们会收到礼物或点心类的东西，这对他们来说很特别，因此我都会精心装点起居室。图片是迷你圣诞树、迷你蜡烛、圣诞装饰物。在万圣节的时候我会摆放橙色的南瓜、南瓜灯。

仅通过更换电视柜上的小小装饰，就可以营造出季节感和节日的喜庆气氛。

放一块圆形小地毯打造休闲空间

网上买的直径2米的圆形地毯，足够3个孩子坐下。

今年2岁的次子出生时淘来的这块地毯，慢回弹，弹力十足，把闹人的孩子放在上面毫无问题。手抱孩子、无法拿出婴儿被的时候，有了这块圆形小地毯，就很方便了。孩子摔倒了也不会疼，孩子蹒跚学步的时候也不用担心摔伤。

这款地毯可以整件洗也是其一大优点，建议大家选用这款地毯供家人休息。

防滑设计，孩子在上面跑也不必担心摔倒。我家的儿童房还有一块另一颜色的同款地毯。

在能看到彼此表情的饭桌上用餐，掌握家人的心情

单侧有圆弧的餐桌，不像圆桌那样占空间，很适合一家5口人围坐。安装在吧台，也非常节省空间。

过去使用的方桌大家坐成一排，看不到旁边人的脸，而这种一侧有圆弧的桌子，可以看着对方的脸开心地聊天，还可以随时掌握孩子们的微小情绪变化。孩子们也在这里写作业。桌子上不放杂物，可以随时摊开教材进入学习模式。

餐桌是通过厂家定做的。胡桃木餐桌可以搭配七字椅或毛伊椅等，享受组合材质带来的不同感受。

起居室使用的物品都集中收纳在室内楼梯下

我没有在起居室和餐厅放置用来收纳物品的家具，而主要利用室内楼梯下面的空间。这里位于起居室和餐厅的中间，取用物品非常方便。

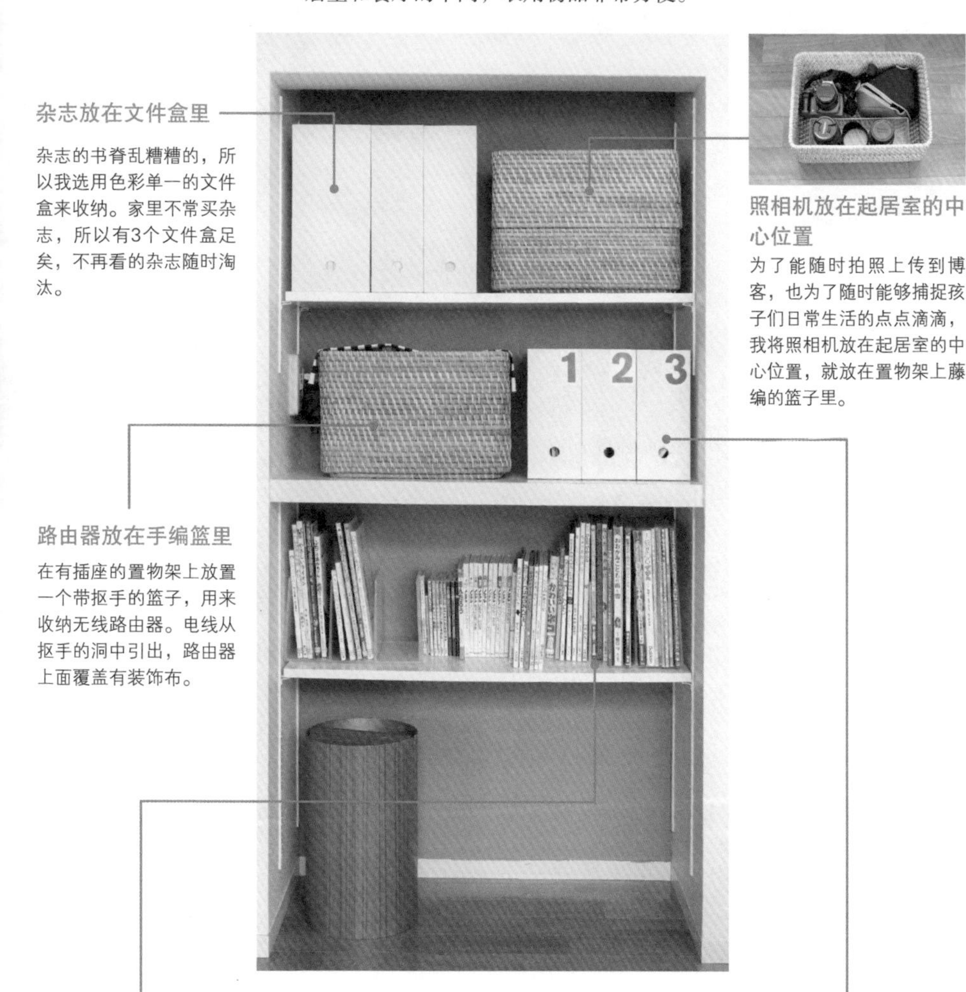

杂志放在文件盒里

杂志的书脊乱糟糟的，所以我选用色彩单一的文件盒来收纳。家里不常买杂志，所以有3个文件盒足矣，不再看的杂志随时淘汰。

照相机放在起居室的中心位置

为了能随时拍照上传到博客，也为了随时能够捕捉孩子们日常生活的点点滴滴，我将照相机放在起居室的中心位置，就放在置物架上藤编的篮子里。

路由器放在手编篮里

在有插座的置物架上放置一个带抠手的篮子，用来收纳无线路由器。电线从抠手的洞中引出，路由器上面覆盖有装饰布。

共用书籍

孩子们看的画本都收纳于此。简单地按画本的高低分类摆放。使用书立将家里的书和借来的书分开摆放，还能防止书籍侧倒。

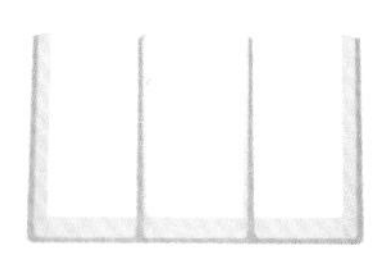

3格树脂书立

孩子们的学习用具

孩子们的学习用具以及绘图用具每人一个盒子进行收纳。1、2、3分别是长女、长子、次子的用具。除了放练习册及文件夹之外，还收纳铅笔盒、卷笔刀等工具。

煞费苦心终于找到收纳电线的方法

开放式的无门置物架上放置路由器、电线等使空间显得杂乱无序，坐在沙发上这一切都一览无余，让我苦恼不已。

可重叠摆放的方角藤编篮。

将置物架装上分格的木框，前面用木板挡上的话，“欲盖弥彰”之感立现；如果使用白桦木风格的圆角篮子，线条过于柔和，无法与我家的气氛协调起来。

这种藤编篮，其方角设计与起居室的风格相符，电线可以从抠手处的孔洞引出，功能与装饰兼备，可谓一石二鸟。至此，我终于找到与家装风格完美融合的电线收纳法！

卧室

bedroom

休闲小物品

护手霜放在木质的餐具盒里。涂抹好后，钻进被子里，享受沁人心脾的芳香。

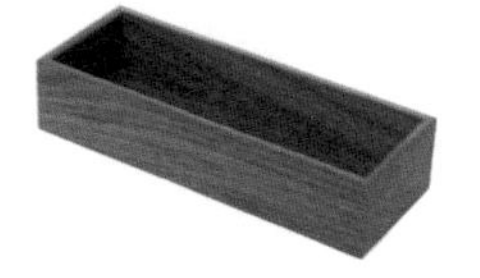

餐具盒

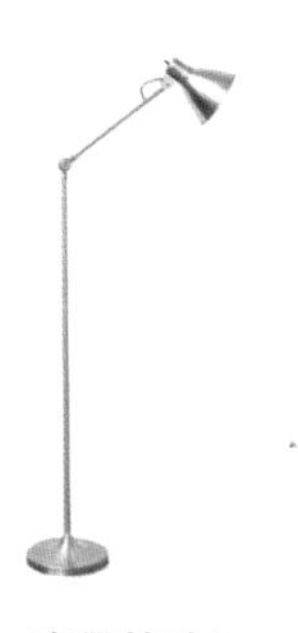

实用的地灯

读书时给我提供光源的地灯，我选用金属质感的材质。为搭配墙上置物架立柱的颜色，我选用银色。高度及角度等可调范围较大，适用于各种空间。

以令人愉悦的设计打造治愈效果满满的空间

在享受一天中最后时光的卧室，我准备了很多物品以褒奖自己。从爱不释手的漫画书到我情有独钟的地灯，乃至香气高雅的护手霜，这些都令我心情愉悦。

用床罩调节气氛

床罩可以立竿见影地改变房间的风格，是演绎卧室休闲气氛的高手。我准备了3个自己最喜欢的几何图案的床罩，随时根据自己的心情进行更换。

利用挂钩

次子与我同住一床，卧室的墙上夏天挂孩子用的毛巾被，冬天挂我睡前脱掉的居家服。比起以前随手将衣服放在床上的做法，这样做就不会在第二天早晨发现滑落在地板上的衣服了。

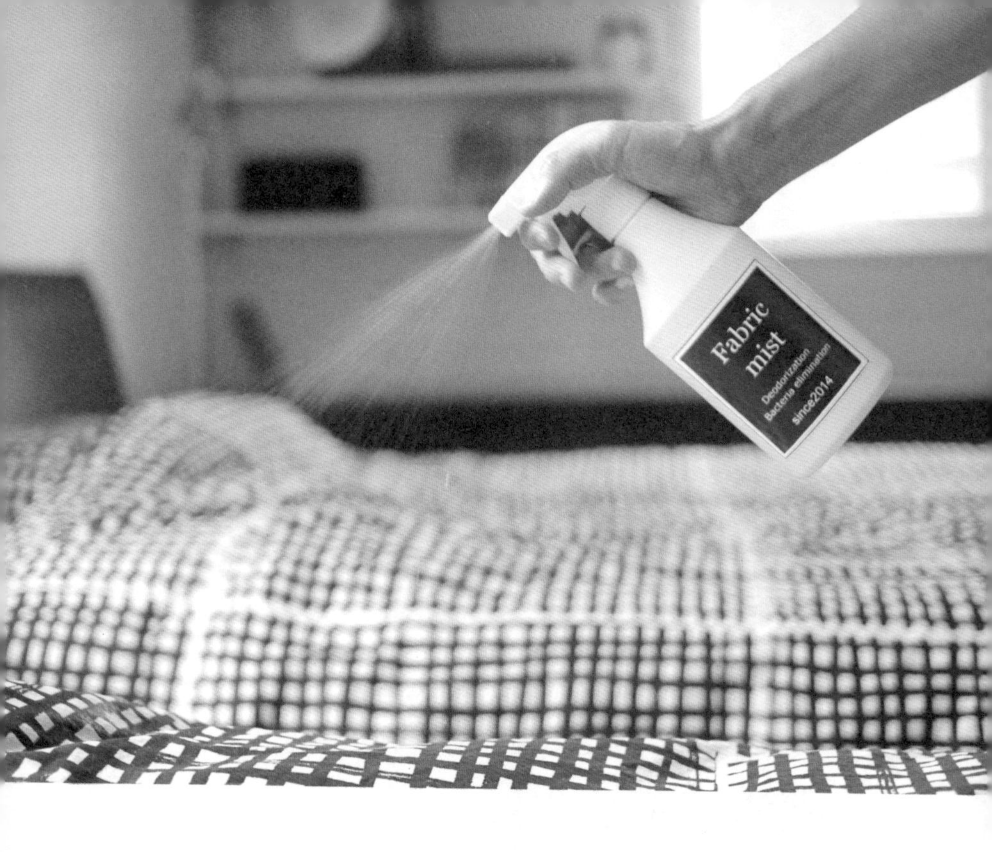

起床后立刻除菌

不擅长维护管理的我，早晨起床第一件事就是喷除菌除味剂给被褥消毒。几秒的工夫就会使晚上就寝时的感觉大不相同。

除菌喷剂我放在房间的各个角落，在对床罩、床单、地毯、靠垫等用品的日常维护中大显身手。

我尽量避免晒被褥、洗涤床罩等大件，坚持选用简单轻松的方法维持清洁。

除菌喷剂的标签我先用PPT做出来，再用亮面的打印纸打印成与空间协调的白黑两色。

有着漂亮标签的瓶子，摆在书架上也毫无违和感，还可以各处摆放以便随时使用。

用家人的照片装点卧室温馨的氛围

我们夫妻的卧室里摆放着家人的照片。通过装饰这种家人特有的物品增加私密感，获得轻松而温馨的气氛。

照片如果是彩色的，会感觉这只不过就是“照片”而已，很难与周围协调起来。于是，我会打印成黑白写真，突出“人物肖像”感。另外，相框选用的是非倾斜摆放的那种，追求一种好似贴在墙上的效果。

通过这种用心的设计，照片变成了漂亮的装饰物，其温馨的效果远胜昂贵的摆件。

专栏2 准备一个能让丈夫恋家的专用抽屉

我先生对收纳比较宽容，他读了我的博客常常会问："东西又换地方了？"我不经意地说："你既然已经知道了新地方，这就没问题了。"对此他也不会提什么反对意见。

虽说如此，如果我只为了把家管理得一丝不乱，追求理想的收纳效果，那我先生肯定会感到很麻烦。于是我将起居室里我先生的"势力范围"设计为完全不用乱翻就能发现所需物品的"老公专用空间"。

电视柜的最底层抽屉是我先生专用的，放什么、怎么放都听凭他的选择。里面有他喜欢的游戏机、控制器、电子书、键盘、各种数据线，对我先生来说，这简直就是百宝箱！他似乎特别喜欢打开抽屉，总是早早回家，然后急切地享受属于他的世界。

第3章　儿童空间的设计方法

如果孩子长大了，我就有太多的事情要做了！

为此，我心里暗自祈祷，希望孩子们快些自立。

最合适孩子们自立的场所就是父母视线外的儿童房。

在这里，收拾换洗的衣服、整理房间等自不必说，管理自己的物品、建立时间管理的意识，诸多方面的能力都可以得到锻炼。

创造出这种环境是我身为人母的责任，我每天都在摸索使孩子们尽早自立的方法。

chapter 3

儿童房可以提供孩子们成长的机会

1
2
3

儿童空间

kids space

次子的小包放在这里

色彩丰富的狗尾形挂钩，成为装饰房间的小物件。为了让次子明白这里是自己的空间，我挂上了他的小包。仅此就使得次子开心不已。

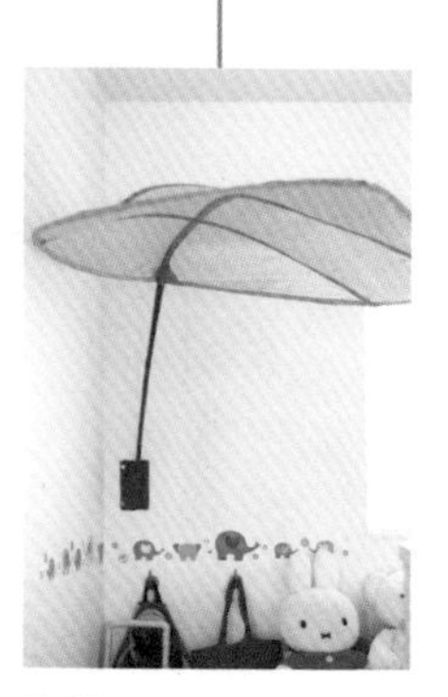

凉棚

在了无生趣的墙壁上安装一个床上凉棚就立刻有了家的温馨感。孩子们觉得这就是自己的家，特别开心。孩子们充分发挥想象力，感觉自己睡在了树荫下或是在避雨……

可安装在墙上的床上凉棚

有盖网眼篮

收纳大件玩具

大的网眼篮可以集中收纳毛绒玩具，通风性良好，重量非常轻，孩子也能轻松挪动。

努力打造孩子们喜欢的空间

长女和长子一上到二楼的儿童房，次子就会跟着一起过来。于是，我把儿童房的一角设计成游戏空间。在这里孩子们可以快乐地玩耍。

收纳各种玩具

用色彩丰富而鲜艳的数字篮分类存放玩具。不同的颜色和数字使分类存放变得一目了然。

儿童地毯

仅仅在地板上铺一块儿童地毯，就可以迅速让角落变身为游戏空间。不用担心孩子跌倒，冬天还可以起到隔凉的作用。绘有房子、学校、道路的城堡图案让孩子们能开心地在上面玩玩具小车，乐此不疲。

印有城堡图案的儿童地毯

限定版一定要小巧可爱

我总是选那些孩子喜欢的样子可爱、艳丽的摆件或收纳用品放在儿童房中。让孩子一眼看去就知道是“自己的领地”，这种做法很受孩子的欢迎。

与家具不同，挂钩或是贴纸等我总是选小巧可爱型的。孩子随着年龄的增长，喜好会有所改变，所以我的真实想法就是“不选贵的，只选对的”。比如，上图中的壁纸换了三次，可挂钩还在使用。

这种柔软的橡胶制品，孩子即使不小心撞到了也很安全，6色一套。

用数字和色彩培养孩子的分类能力

我不想终日忙于收拾整理房间的工作，孩子们的玩具也尽量让他们自己整理。因此我准备了色彩醒目的收纳盒子。

我首先给玩具做了简单的分类，以后即使不告诉他们，孩子们也能借助收纳盒的颜色和数字搞清楚分类的原则。帮助他们能轻松地进行分类的五颜六色的写有大大数字的收纳盒，是培养孩子分类能力的理想物品。

这种收纳盒适合收纳小件物品。不用的时候可以折叠起来，不占空间。

共用玩具大家一起管理

一楼的和室是儿童空间，选用置物架来收纳玩具。
玩具按个人玩具、共用玩具进行分类。无论谁使用都能整理好。

小件收纳

只要把玩具扔进收纳桶即可，收纳起来非常轻松。但是，考虑到不便寻找，我将小件玩具分类放在透明袋子里收纳。使用拉链式袋子，开合也很轻松。

收纳力超强且易于搬动的万能收纳桶

塑料覆膜标签

将玩具图片用大号亮光纸打印出来，上面贴上塑料覆膜。在收纳盒的侧面贴上双面胶，成功遮挡了内部的凌乱不堪

收纳玩具做到一人一盒

大家一起玩的空间，不能因为玩具而乱糟糟的，所以我家实行一人一盒制。自己管理好自己的玩具，让每个人更加爱惜自己的物品，培养孩子的责任心，篮子上标有数字，颜色各异。

收纳篮，有绿、蓝、红三色。

家具，要确保孩子长大后仍可使用

孩子的玩具都很可爱，让身为成年人的我也爱不释手，对家具，我选用孩子长大后仍能长久使用的类型。

一楼儿童空间使用的置物架，采用白色的外框搭配白色的实木搁板，设计简单，不挑使用场所。组装式可拆解，所以，不用的时候可以放在储物间里。不受孩子年龄限制的家具，可谓物超所值。

3层置物架。乳黄色的简单设计，适合各种装修风格。

儿童房

chilaren's room

花形吊灯

花形吊灯，只需吊在屋顶即可使房间气氛为之一新。好似空中开放的洁白花朵，使房间的格调瞬间得到提升。夜里更是呈现出不同的光彩，使人着迷。

光线柔和的吊灯

纱帐

公主风纱帐受到长女和她的小伙伴的一致好评。我优先考虑长女的喜好，暂不考虑自己的爱好。

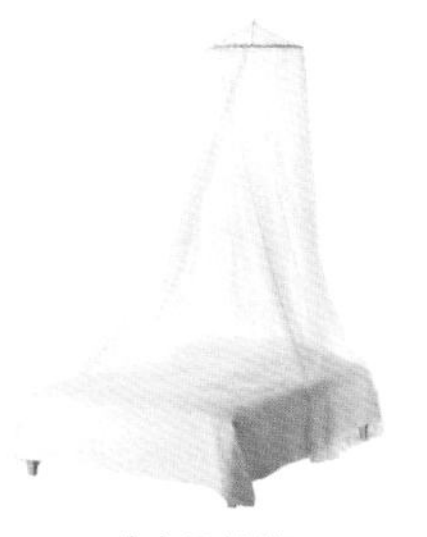

公主风纱帐

可伸缩床

可随孩子年龄的增长而调节尺寸的床。最大可伸长至2米，一直可用到长大成人。床的设计简洁而可爱。

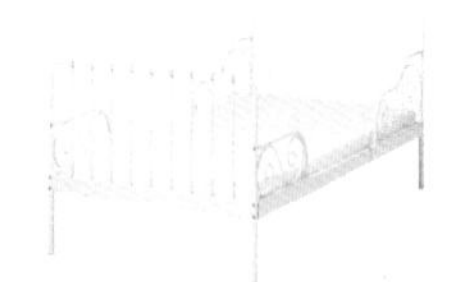

可伸长床体附带床挡

低回弹圆形地毯

可以躺在上面的地毯，低回弹。与起居室的圆形地毯同款，白色。

挂钟

挂壁式钟表，我选用了数字大的一款，可以保证在远处也能看清楚钟点。挂在从学习桌以及床的位置都能看得到的地方，让孩子养成管理时间的好习惯。

复古感十足的挂钟

打造培养孩子自立能力的房间

这是长女的房间，满眼都是我们母女喜爱的物品。我希望她能够管理好自己的物品和时间，所以特别留意物品的选择和摆放位置。

墙壁贴纸

在书桌或窗户周围使用的墙壁贴纸，打造出不同的墙面。这些贴纸随意贴在墙上也很漂亮，丝毫不必为粘贴方法而苦恼，与墙壁浑然一体。

装饰用蝴蝶墙壁贴纸

日历

日历上记载了家人的生日、家庭活动内容等。每天的目标和期待的活动一目了然，可以借此训练孩子日程管理的能力。

上学时使用的物品

学习桌旁边放一个架子，放置双肩学生书包。墙上的挂钩悬挂校服等，取用方便，做到随时可以穿上去学校。教科书和笔记本等放在学习桌上的架子里。

书架可调式书桌

学习桌

学习桌分为桌子和桌上的书架两部分。桌面上有孔，可以隐藏台灯的电线。

养成自己管理自己教科书的习惯

教科书、笔记本如果放在公共区域，就容易变成需要妈妈进行管理的物品，所以我特意把教科书等放在了儿童房里。但是我斟酌了收纳的场所和方法以便孩子能自己进行管理。

学习桌两侧的书架上，我用书立做了间隔，内侧放使用过的课本，外侧放正在使用的课本。这样就缩小了寻找范围，方便孩子可以迅速找到所需的课本，轻松取出。双肩包就在学习桌旁边，取用十分方便。这样就可以有效防止孩子在上学时忘记带书本的事件频发了。

结合摆放书本的尺寸既可以立着放，也可以横着放，设计摆放自由自在，可以有效防止孩子在上学时忘记带书本的事件频发了。

用餐具盒保持抽屉井井有条

女孩子的东西，包括文具、贴纸、杂志、朋友的来信，可谓种类繁多。我小的时候，把这些东西统统塞在书桌最上面的抽屉里，每次打开和关上抽屉，都要卡住，非常麻烦。

为此我在考虑长女的抽屉使用方法的时候进行了改良。我把原来用在厨房抽屉里的餐具盒拿来，根据空格的大小分别收纳铅笔、剪刀、橡皮、夹子等文具。这样一来，既节省了空间，又不至于因开合抽屉而使物品乱串，可以一直保持整洁。

女儿在最前面的位置放手表、唇膏等出门必备物品。抽屉只要稍微拉开一点即可拿出，这样就可以马上出去玩了。真不愧是我的女儿！

让孩子自己管理柜子

长女房间的柜子用来收纳衣服、学校用具、创作作品、奖状等。孩子使用的物品放在较低的位置方便随时取用。视觉没有遮拦，可以很好地把握物品的收纳位置。

上层挂衣杆的利用方法

这里悬挂淘汰的衣服。因为是由我管理，所以位置高些也没关系。过季的衣服也可以挂在这里。

存放奖状的文件夹

因为尺寸各异，我把这些物品收纳在能放进最大奖状的A3尺寸的文件夹里。放入厚的衬纸，这样就容易翻页了。旁边放8开大小的绘画用纸。

说明书

床和学习桌的安装说明书等放在带拉链的夹子里挂在挂钩上。在儿童房里组装、拆解的家具说明书放在儿童房里。

学校用具暂时存放区

橡皮泥、书法用品、键盘口琴等期末拿回来的用品，暂时放在抽屉柜上方的篮子里。存放位置固定，这样就可以避免开学时到处乱翻乱找。

抽屉柜

未挂在挂杆上的衣服都放在这里。从上至下分别是袜子和短裤、下装、上衣等。抽屉正面贴上白纸遮挡视线。

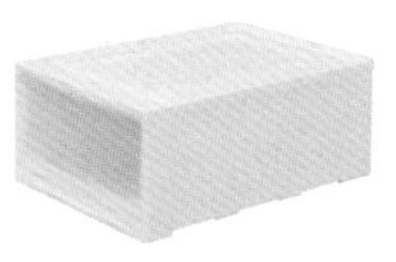

抽屉

下面的挂衣杆

从右至左分别是连衣裙、裙子、短裤。长女放学后可以马上换上衣服出去玩，所以把常穿的衣服都挂在这里了。下面的这个挂衣杆我把它设计为孩子可以取用的高度。

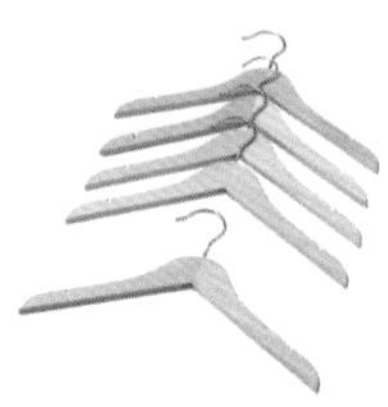

儿童用挂衣架

放学后立刻准备好第二天早晨的用品

晚上睡前准备第二天使用物品的时候往往磨磨蹭蹭……
放学回家后马上把它们准备好的话，就可以出去玩了，所以动作很迅速。
合理安排收纳位置，孩子马上就能做得很好。

1

双肩书包放在架子上

学习桌旁边的架子上摆放双肩书包以及从学校带回
的学校用具。换下来的校服马上挂在架子上方的挂
架上。

2

更换教科书

从双肩包里取出教科书以及笔记本，装入第二天使用的东西。教科书和笔记本就放在右边的学习桌的抽屉里，所以只是举手之劳。

3

出学校用品

开抽屉柜的最上面的抽屉，取出第二天在学校使用
衬衫、袜子、手帕、体操服等用品。里面有分格，
以可以轻松找到。

4

放在包的上面

把准备好的物品放在架子上，第二天穿用的东西就准备好了！第二天早晨穿上或带上即可，早晨不会忙乱。

长女房间里的置物架

在开放式置物架上收纳用品的摆放问题上我费了一番斟酌，以确保长女能够自己整理好。我准备了可以存放很多物品的大箱子和可以进行精细收纳的小盒子，让长女自己进行分类管理。

作品箱

长女在托儿所和幼儿园时制作的东西，放在最上面的架子上。每个箱子装得满的。

回忆空间

每年家人一起旅行时买的礼物等都摆放这里作为回忆空间。现在这样的物品还少，随着岁月的积累，这个空间摆放的品会越来越多，真是好令人期待啊。

可爱的小物件

女孩风格的相框里装上照片或是明信片，童房的其他地方也装饰着可爱的小物件。

收纳小玩具

女孩玩的弹球、成套的纸贴、连衣裙上装饰物等小物件都用小盒子或是抽屉放。左侧的抽屉里，放着项链等装饰品。

有盖盒

收纳体积大的玩具

置物架上放收纳篮，收纳较大的玩具。折纸、棋类玩具等，放什么由长女自己决定。

放教科书的文件盒

这里放用过的教科书。我准备了6个文件盒，分类存放学习用具、作业、教科书和笔记本等。升入下一学年后就淘汰掉前一个学年使用的东西。

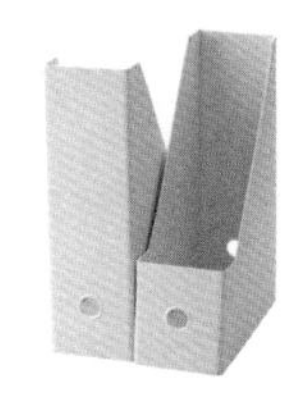

文件盒

长子和次子房间里的置物架

男孩子房间的置物架预留出长子上小学后使用的空间。我准备了不同的箱子，以应对各种需求。使用黑色箱或纸壳箱，凸显男孩子的硬朗帅气。

放衣服的箱子

孩子们幼儿园时穿的衣服放在最上面。回忆很多，不舍得扔掉。但是这些衣服很少拿出来，为了不落灰尘，我使用带盖的箱子。婴儿期玩过的玩具也收在这里。

空文件盒

在孩子们手能够得到的中层架子上摆着空的文件盒。将来可以装教科书。带盖的盒子盛放各种小物件。

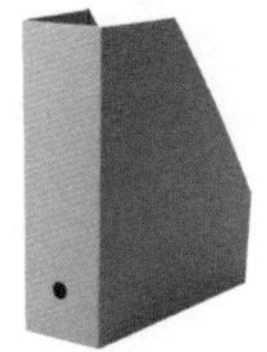

组装简单的文件盒

展示区

摆放各种孩子们喜欢的战队英雄装饰房间。深受长子、次子的欢迎。

收纳重的玩具

重且频繁取用的轨道玩具收纳在孩子们能抱得动的箱子里，放在下面的搁板上。塑料材质的箱子，脏了也可以轻松擦洗干净，使用起来非常方便。

有盖箱

专栏3 育儿心经

每月淘汰一次，控制玩具的总量

次子是家中3个孩子中最小的，他的玩具都是哥哥姐姐用过的。所以，次子一直想靠自己的努力得到想要的玩具，这种渴望也成为动力。因此，我认为不让孩子拥有过多的玩具是件好事。

玩具总会在不知不觉间多起来，我就会每月问孩子们："是不是该淘汰了？"基本上一个月之内，快餐店的赠品玩具、杂志的赠品等就会堆积起来，玩具箱被塞得满当当的。通过让孩子们自己选择淘汰的玩具，使他们产生保管物品的责任感，学习要丢弃的玩具的处理方法。而且，玩具数量少的话，玩的时候就更能发挥想象力。这是个令人高兴的意外收获。

从我和我先生的成长经历中，我深深感到孩子幼年时期所处环境的重要性。
我希望孩子们能够随着成长一点点学会如何处理物品、如何与人交往，学会如何做家务。

给孩子一件终生难忘的玩具

长女刚 3 岁时，我想给她买个玩过家家的厨房成套玩具，结果竟然要 6 万日元（约 3700 元人民币）！自己做的话会便宜很多。于是我参考网上的图片画出图纸。材料在大型家装中心（日本销售各种家装用工具和日用品的大型超市——译者注）购得，零件是网上淘来的，我跟毫无木工经验的父亲一起尝试做了起来。

一个月后，终于完工。过家家用的厨房玩具虽然出自外行之手，但做得还是相当不错的，获得来家里玩的小伙伴的高度好评。女儿也自豪地说："这是外公和妈妈一起给我做的！"

过家家用的厨房玩具无论男孩女孩都喜欢，他们经常一起玩。我希望孩子们会永远记得这套外公和妈妈亲手做的玩具，衷心祝愿家人之间深厚的感情能够天长地久。

让孩子主动做家务

婚前我没有一个人生活过，所以说来惭愧，刚结婚时我几乎什么都不会做，总是手忙脚乱的。但是我先生出身于生意人家庭，我不会做的，他都能一个人默默地应对。这给我精神上很大宽慰。从那时起我就希望自己的孩子能从小就学会做家务。

我家做家务要求孩子们都能主动参加而不用我去央求。大家都在同一个屋檐下生活，孩子们需要随着年龄的增长学会做力所能及的事情，这就是我的想法。比如，吃饭的时候，我喊一句“开饭了”，他们就会过来帮我盛饭。我会夸赞道：“碗边上都没有饭粒，好棒啊！”我不希望他们为了得到表扬而帮我忙，我表扬的不是帮忙盛饭的行为，而是盛饭后的结果。这才是我所在意的。

第4章　厨房和衣帽间的收纳原则

厨房和衣帽间是家人经常出入的地方。

物品收纳原则移动频繁，而且物品种类多、数量大，所以这里是我最注意收纳的地方。

最重要的收纳原则是物品使用顺序和容易看到。

好的收纳方法可以引导家人乐于认真收纳，

尽可能做到物品取放自如。

另外，还要有能接纳新物品的弹性空间。

我在厨房的收纳中，倾注了大量心血，

因为我要心情愉悦地准备饭菜。

chapter

做到物品摆放合理、一目了然，
使用起来流畅自如

厨房

kitchen

操作台（水槽对面）

收纳空间应留有弹性

准备一个空的白铁盒，以应对不时之需。用来存放购物赠送的抹布、塑料购物袋等没有固定收纳场所的物品。

并排摆放3个篮子和白铁盒

并排摆放3个大小样式材质相同的篮子与白铁盒，给人以整齐划一的印象。虽然从起居室看不到这里，但这种安排会让在厨房里忙碌的我心情愉快。里面可以放土豆、萝卜、点心模具之类的东西。

线条硬朗、质感结实的白铁收纳盒

纸质购物袋的收纳

纸袋都集中放在一个白铁盒里，多用来装我先生的饭盒和点心，因此以小号的纸袋为主。白铁盒里用书立进行分隔，按照尺寸分类。

挂孩子用的手巾

靠近水槽的位置安了一个挂孩子湿手巾的小挂架。每次吃过饭都要用湿手巾给孩子擦嘴，然后洗净晾干。

让下厨成为一件乐事

厨房是主妇一天里停留时间最多的地方，所以我摆放的都是自己喜欢的餐具和厨具，让自己能心情愉快地投入到厨房工作中。在重视餐具、厨具收纳效率的同时，我还重视餐具和厨具摆放的位置，保证厨房工作的流畅性。

开放式搁板

喜欢的餐具

这里从餐厅可以直接看到，因此“赏心悦目”很重要。我只摆放常用餐具。虽然价格、品牌各异，但都是我的最爱。

操作台上只摆放必需品

我是一个怕麻烦的人，一旦开始在操作台上放置物品，就会停不下来。因此需要有极大的自制力控制住自己不在操作台上乱放东西。

面包盒的遮挡作用

面包片、打开包装的点心等可以放在面包盒里。面包盒的存在让工作台得以保持整洁，避免了杂乱。滑动式的盒盖便于开关。

临时置物盘

摆放一个与周边环境相称的木盘，用来放置我先生的手表、眼镜等小件物品，避免随手放到什么地方去。

面包盒

夹子按照长度收纳

夹子按照长度分为三类。这样就可以轻松区分尺寸不同的夹子了。盛放夹子的容器可以使用装布丁的空瓶、儿童果汁杯等。

做便当用的食品模具放到灶台下

灶台下放置给孩子准备便使用的食品模具。因为就在灶台上盛装，可以马上取用需要的模具。放在炉具和水槽中间的位置，从两侧都可以看到，非常方便。

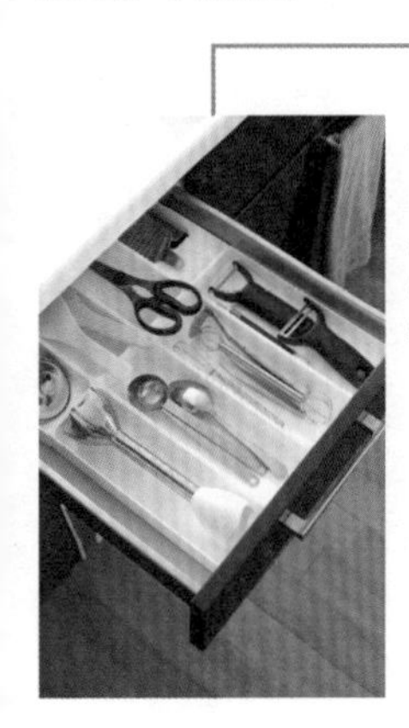

厨房用具分类收纳

以前，我把厨房用具都堆在一起，找起来很麻烦。现在我在抽屉里用餐具盒来分隔空间，按照种类不同分别摆放。一目了然，便于取用。

餐具盒

便于取用的厨具收纳

收纳厨具时，将厨具手柄部分放在抽屉中的餐具盒边缘处。手可以伸到手柄下方，迅速握住手柄取出。利用这种方式收纳的厨具有长筷、锅铲等。

油壶等放在不锈钢托盘上

抽屉里放入不锈钢托盘，其上放置油壶、油渣凝固剂等，这样可以防止抽屉底部、砂锅和平底锅底部沾上油脂。

储存盒的收纳要易于取放

储存盒立放在文件盒里，可以从上面看清内容物种类，马上就能发现目标。尺寸相同的储存盒应重叠放在一起，以节约空间。

可保持整洁的保鲜膜盒

保鲜膜、铝箔放到专用保鲜膜盒里。整洁清爽，打开抽屉时的感觉也不同。

带吸附磁铁的保鲜膜盒

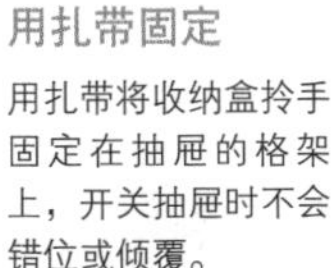

用扎带固定

用扎带将收纳盒拎手固定在抽屉的格架上，开关抽屉时不会错位或倾覆。

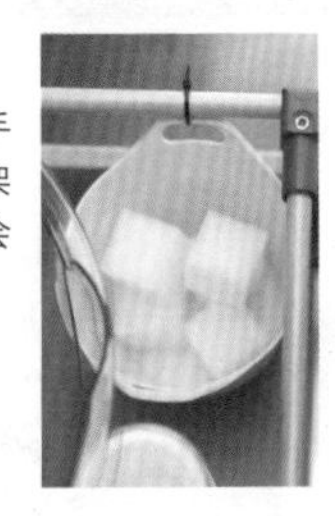

用文件盒进行分隔

空间较大时，可以在正中间放置文件盒进行分隔。右侧厨具，左侧食物，一目了然。文件盒本身可以兼用于板状厨具的收纳。

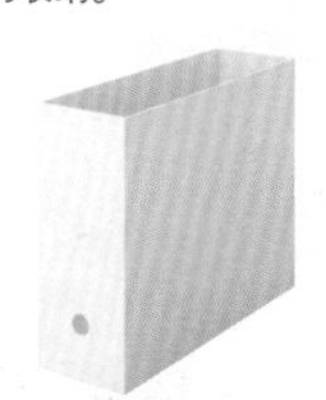

聚丙烯文件盒

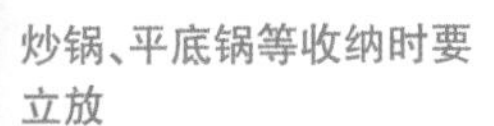

炒锅、平底锅等收纳时要立放

有一定进深的抽屉可以并排摆放多个文件盒。文件盒的作用是分隔空间，使收纳的物品自成一体，便于物品的取放。收纳锅具和液体调料时应立放。

背面柜台抽屉

第3层抽屉

做到一目了然

因为需要低头观察，所以尽量做到能够一眼看清楚收纳的所有物品。需要立放的物品可以立放到锅盖收纳件中，不需要立放的物品可以按照种类叠放。

锅盖收纳件，可以根据收纳物品的长度进行调节，不锈钢材质。

第4层抽屉

用塑料盒划分空间

用塑料盒分隔饭盒相关用品和水壶。塑料盒中存放装饭盒的拎包、保鲜膜等。塑料盒一盒两用，既可以用来分隔空间，也可以兼具收纳作用，这种做法让人非常有成就感。

临时存放学校配餐用的餐具

将抽屉一角作为孩子吃配餐用的餐具的临时存放处。这样，在周末或长假时，孩子把吃配餐用的餐具带回家里也不会无处可放。而且要开学时也不用手忙脚乱地到处找寻。

便当相关用品

在第4层抽屉里集中放置便当相关用品。如便当盒、饭团制作模具、卡通盒饭制作用品、手巾盒等。集中收纳在一处的好处就是可以做到心里有数，不用到处翻找。

第 1 层抽屉

一格只放一种餐具

餐具盒一格只放一种餐具，需要的餐具马上就可以取出来。抽屉里侧可以放入填充物固定餐具盒，防止开关抽屉时餐具盒前后移动。

经常使用的杯

在拿取物品方便的第1层抽屉里放入使用频率高的马克杯、玻璃杯等。我会控制杯子的数量，避免过多的杯子无处安放。抽屉底部铺上薄布，然后将杯子扣放在上面，便于取用。

配餐食谱

根据配餐食谱决定是否给孩子带上在小学或幼儿园使用的筷子。如果需要，可以取出筷子装入孩子的书包。

用收纳盒分隔空间

用收纳盒分隔抽屉空间，左侧为孩子用品区域，右侧为其他日常用品。分隔用的收纳盒中可放入小碗、调料碟等。

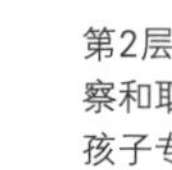

孩子的餐具

第2层抽屉的高度适合孩子观察和取用物品，可以集中放置孩子专用的餐具盒、杯、盘，尽量方便孩子拿到餐桌上。

孩子的餐具各有不同

将筷子一起放入格子时，容易出现孩子分不清而拿错的情况。因此这里分成四格，3个孩子每人一格，剩下的一格留给孩子的朋友用。

管理厨房物品，培养孩子主动参与的意识

我先生从小就帮家里做家务，对家务活儿轻车熟路，这让初婚的我轻松许多。“如果孩子将来结婚后，他们的伴侣也会有与我相同的感受该多好啊”，出于这一想法，我决定使厨房的收纳能够方便孩子参与做家务。

孩子可以独立完成厨房工作的过程：确保物品的放置容易查找和拿取→每天坚持→自然掌握。

例如，水槽对面操作台的抽屉。第二层抽屉的高度便于孩子查找物品，因此集中放置孩子专用的饭碗、木汤碗、小碗、刀叉、筷子等餐具。因为打开这里基本上就会找到所需要的物品，所以孩子们总是自己取餐具。另外，由于第二层抽屉里还放置着学校的食谱，孩子自然而然地会根据食谱准备吃配餐用的餐具，这让我轻松不少。

清洁厨房使用酒精+无纺布抹布

我不会喝酒，学生时代却在居酒屋打工。在居酒屋打工的经历让我遇见了酒精+无纺布抹布这对黄金搭档。用食用酒精可以清洁餐桌、托盘、餐具、冰箱等。

从那时开始，这两样便成为我清洁厨房不可或缺的得力助手。酒精易挥发，除菌效果又好，卫生方面可以放心。破旧不堪的无纺布抹布，用来擦拭微波炉里面、炉灶，物尽其用后扔掉。

可靠且令人心动的厨房用品

边带三个孩子边做饭，总是让我手忙脚乱、恨不得喊救命。
这种时候，如果有合手的厨房用具，就太方便了。下面我介绍一些好用的厨房用品。

basic

烹调的基本用具

可在小碗中将水煮土豆轻松碾碎的迷你捣碎器。不占空间，小物品却有大用处。

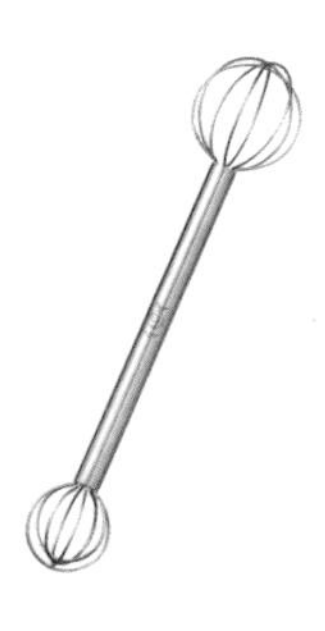

能够进行简单计量的豆浆搅拌器，挖出的豆酱可直接在锅具里快速稀释。有了豆酱搅拌器，不再需要豆酱过滤器，可减少洗刷工作量。

厨房剪刀锋利无比且不易生锈，是陪伴主妇一生的好用具。有质感的不锈钢材质配以黑色剪刀把，让人爱不释手。

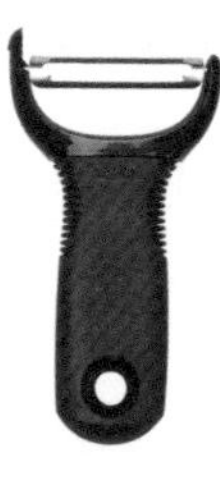

握柄设计合理，不需用力便可顺滑削皮的削皮器。

宽度仅9cm的长方形有柄煎锅，可以用一个鸡蛋干净利落地制作出厚烧蛋卷。容易清洗，方便实用。

一体成型菜刀，具备锋利、易清洗、美观三大优点的良心厨具。

让人心情愉悦且实用的厨房用具

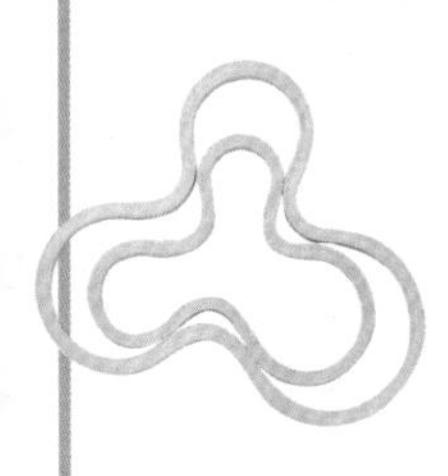

芬兰传统品牌的木垫，其本身的天然纹理与其他厨具相得益彰。

放入食材点上火即可的漂亮炖锅，让人想把它直接端到餐桌上。

土黄色、茶褐色的各种餐具，带把手的、方形的、圆形的，风格各异，使餐桌充满节奏变化。

节省时间的厨房用具

微波炉用硅胶蒸锅。放入食材后用微波炉加热即可。我经常用它给回家很晚的我先生做饭。

在我家，如果感到蔬菜摄入量不足，马上就会请出搅拌器。蔬菜浓汤瞬间即成。

在烤箱中使用的烤盘。由于烤箱可以自动烘烤，能够腾出手来做其他事情。

杉木蒸笼，在蒸食物时可以兼顾其他家务，能够节省时间，效果也非常好。

冰箱

refrigerator

利用珐琅容器进行遮挡

冰箱进深大，我将空间分为前后两个部分。后面我一般摆放没能完全装入调料瓶的剩余精盐、砂糖以及使用频率低的物品。由于看上去会显得乱，我在其前面放上白色珐琅容器，以起到遮挡作用。从右到左的珐琅杯分别装着豆酱、梅干、咖啡。

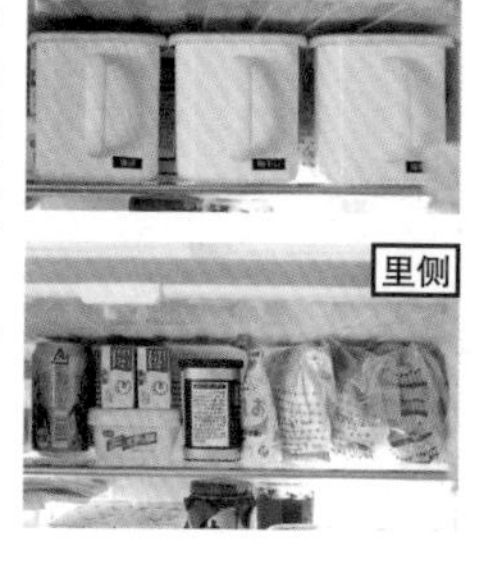

带把珐琅杯

上两层作为固定位置空间

经常用到的调料以及牛奶、啤酒等不希望断供的常备品放在容易看到的位置。因为每次打开冰箱门都可以看到，可以对库存量轻松把握。

下两层作为自由空间

为便于存放剩菜和提前预备好的菜，我特意在冰箱里留出自由空间。因为这两层的高度适合手臂的抬起放下，放有一定重量的锅具也不在话下。上层放置盛米饭的器具、锅具等较大物品，下层放置保鲜盒等容器。

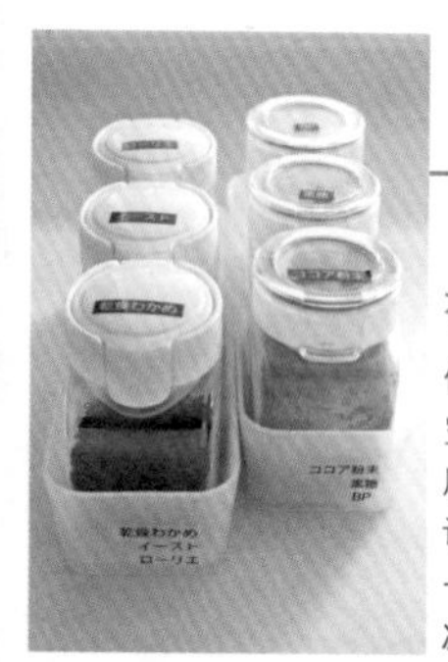

有效利用深处空间

使用塑料盒有效利用深处空间。准备数个有一定长度的长方形塑料盒，放入调料瓶。因为可以像抽屉一样推入拉出，即使位于冰箱深处也能轻松取放。

冷冻室的收纳

有一定高度的冷冻室，可以将肉、鱼装入带拉链的自封袋后立放于其中。这样，既便于找寻，又便于拿取。为防止食材干燥变硬，丧失鲜度，可用保鲜膜+铝箔包裹食材。

用盒子与标签彻底消灭物品的『泛滥』

我家冰箱经过八年岁月才勉强取得今天的成果。为使用起来方便快捷，避免冰箱内的物品『泛滥成灾』，我充分利用了储存盒与标签的作用。

冰箱侧门的收纳

使用起来很顺手的迷你壶

瓶盖可以轻松打开的调料瓶

最上层

在高于自己视线的最上层放置使用频率低的物品。可以将调味紫菜、砂糖等归类放入其中，便于拿取。

第2层

第2层放置盐、胡椒粉、汤汁配料。由于正好位于视线高度，因此放入了经常使用的物品。

精盐、胡椒粉调料瓶

有刻度的调料汁瓶

第3层

第3层和第2层之间有较大空隙，能够放下有一定高度的瓶子。我在这一层收纳了日式橙醋、烤肉酱汁等液体调料。这一层优先考虑占用空间大小，使用频率放在其次。

可以在密封状态下长期保存各种调料的调料瓶，液体调料不必担心渗漏

冰箱侧门储物盒的标签

调料瓶盖上贴的标签在放入冰箱侧门储物盒后会不容易看到，因此，我在侧门的储存盒上也贴上了标签。标签分为上下两列，上列是前排调料瓶标签，下列是后排调料瓶标签。

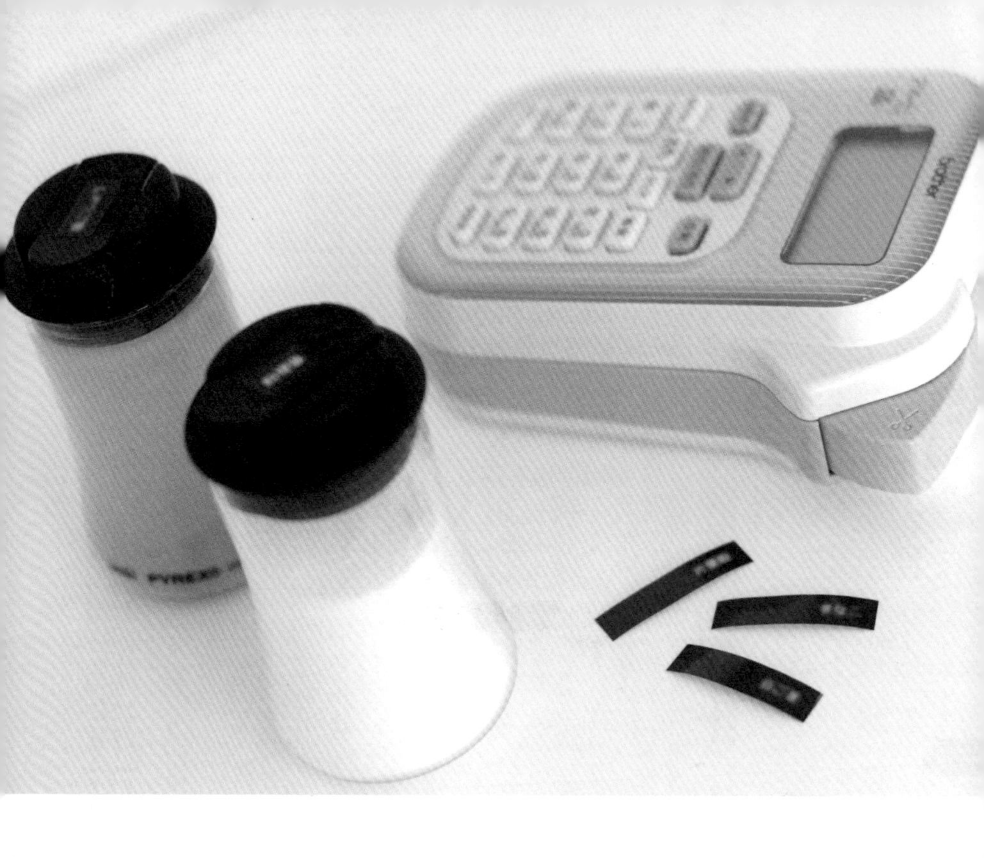

调料瓶规格一致，放在固定位置管理

市场上销售的调料，容量与瓶子的形状多种多样。就算确定下来冰箱内的存放位置，也会出现放不进去的情况，难免要临时进行调整。这样一来，突然需要使用时就会手忙脚乱到处翻找，于是我将所有的调料都装入容量为500毫升的瓶子内。另外，有时家人会拿错调料（我先生就曾经把盐曲当成调味汁），因此要在易于看到的位置贴上标签。我在黑色瓶盖上贴白色字的标签，在白色瓶盖上贴黑色字的标签，这样就容易找到了。

标签机，可轻松制作标签。色带有黑色、白色，也有彩色和金属色。

打扫冰箱时顺便清理调料

最喜欢一举两得的我，打扫冰箱时总会顺便检查调料。因为从冰箱里取出搁板和托盘时，必然要将放在上面的调料瓶一并取出来。

我对调料的使用有自己的节奏。例如，沉迷于制作点心时，冰箱里满是杏仁粉、玉米淀粉。但随着兴趣的消失，剩下的调料不断向冰箱深处移动。终于有一天，我对着它们疑惑不已，“这是什么时候买的来着？”这种情况下，处理掉剩下的调料，空出来的瓶子重新装入最近经常使用的调料以及等着装瓶的调料即可。顺便在瓶子上贴上标签。

让不使用的物品沉睡下去是对冰箱空间的浪费！打扫冰箱的同时，顺便清理冰箱中的物品，能够使冰箱内部保持井然有序。

迷你专栏

做家务的原则

不事先设定规则，用适合自己的方法去应对让人头疼的家务。
我根据自己的性格摸索出适合自己的方法，并充分利用各种方便实用的工具，终于能够对家务应对自如了。

合理安排家务事，提高工作效率

我从来不会把做家务常规化，因为一旦没有完成计划好的家务，便会使自己情绪低落。例如，如果计划周二清洁炉灶、排油烟机，但因故没有做到，便会懊悔“今天没有完成任务”。

另外，随着孩子们不断长大，我家的生活方式会经常处于变化之中。我想，为了能够随机应变地应对这种变化，充分利用空闲时间高效率完成家务变得益发重要。

为此，我尽量把做家务的时间做好统筹安排。在完成一个需时较长的家务期间，可以连续完成需时较短的其他几项家务。例如，在煮土豆的15分钟里，用5分钟洗碗盘，用10分钟叠衣物。感觉好像拼图一样，把数种家务拼在一起。这种做法非常适合在意时间得失的我。

用智能手机替代家庭账本与笔记本

一旦准备了家庭账本与笔记本，便会经常忙于记录，所以我决定不用。不管怎样，我都想尽量逃离那些“不得不做”的家务的束缚！

可以起到替代作用的便是智能手机的APP。在超市结束购物，把东西装到车上之前，我已经将收据上的合计金额输入到记账APP中。

而日程管理我则使用另一款APP。需要预定日程时，可以输入到APP中。如果有需要提醒的日程，便设定好不同时段需要提醒的事项。这样，自己不用反复确认，到时间智能手机就会呼出待办事项，十分方便。更改数据也很简单，不用带着笔到处走。

餐具间

pantry

餐具间中间部分

最上层放置使用频率低的物品

最上层收纳运动会或外出游玩时使用的饭盒、水壶等。因为使用频率低，即便放在高处取用时也不会感到费事。

废纸收藏盒

可以随意放入废纸。积攒到一定厚度后，我就拿来做草稿本。在操作台用过的文件由于设置了这个专用保存处，可使操作台一直保持整洁。

自己制作的草稿本

将背面空白的文件裁为原纸一半大小，用订书器订上，再用美纹纸胶带进行美化粘贴。这样，就不用费事去商店购买草稿本了。既减少垃圾的产生又不必花钱，一举两得。

文件与厨房清洁用品

搁板上并排摆放着文件盒，用来收纳想要立放的文件、洗涤剂等。可将厨房用的碳酸氢钠和柠檬酸换装到蜂蜜瓶中，以便能够喷洒使用。

塑料购物袋储存盒

这款开有孔洞的塑料购物袋储存盒深得我心。由于侧面开有孔洞，取用时向外拉拽，放入时塞进去即可。购物袋按照规格不同放入不同的储存盒。因为不用折叠，孩子们也能够轻松取放。

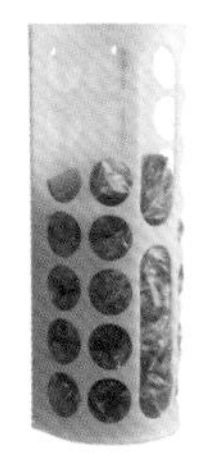

可用于小件物品收纳的塑料袋储存盒

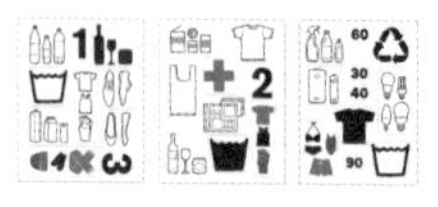

垃圾分类装饰标签

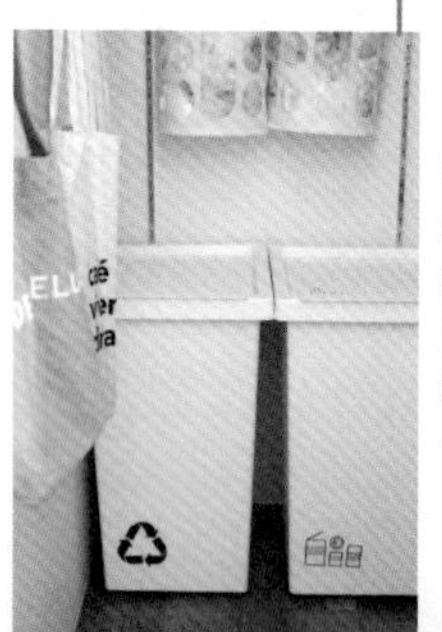

垃圾类别标签

在垃圾箱侧面与箱盖上粘贴类别标签。标签上印有简单易懂的示意图和符号，孩子们不用一一来问我。

一张榻榻米大小的餐具间功能强大

大米、啤酒、纯净水、蔬菜……，这类量大的物品或突然送到的物品，如果有较大空间，就能够暂时将其收纳起来，避免在地板上堆放。

餐具间右侧

最上层不进行分隔

我没有对最上层的空间进行分隔，以便用来放置各种尺寸的物品。例如，蒸笼、刨冰器等。平时我都用织物遮挡。

较高位置摆放带拉手的储物盒

较高位置并排摆放带拉手的储物盒，可以轻松拉出。储物盒内存放糕点制作工具、一次性筷子和纸盘等物品。前面贴上塑胶贴纸以遮挡视线。

带有大的把手，便于拉出和手持的吊柜用储物盒

大盘子的摆放

占空间的大盘子放在空间较充裕的这里。由于使用频率低，即使距离操作台有点远也不会感到费事。使用丙烯架分隔，上层放置焗烤盘。

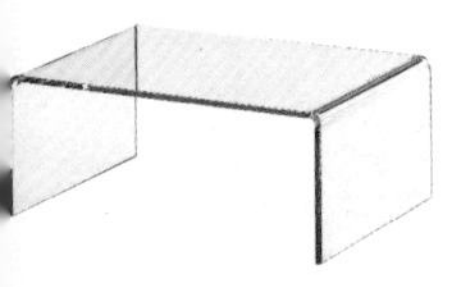

结构坚固的丙烯分区架

食品存货

点心、食品等的存货大致分类后收纳在储存箱里，我先生和孩子们都记得很清楚。共有3种，“点心类”“干货类”“速食类”。

待客用品

手巾和杯垫、茶叶和咖啡等招待客人用的物品统一放在一起。

固定电话与手机

在餐具间入口有电源插座，放置固定电话和手机的充电器。由于距离厨房近，接听来电方便。

药品、酒精放在高处

安装在高处的横杆可以悬挂药品、清洁用酒精喷壶等不希望孩子触碰到的物品。药品夹在悬吊于挂钩的夹子上，酒精可将喷嘴挂在横杆上。

一周内的通知固定到磁铁板上

磁铁板上有一周时刻表，
便家长确认孩子们的活动
程。时刻表旁边是小学和
儿园发的通知，例如“游
池游泳注意事项”等需要
快浏览到的内容。

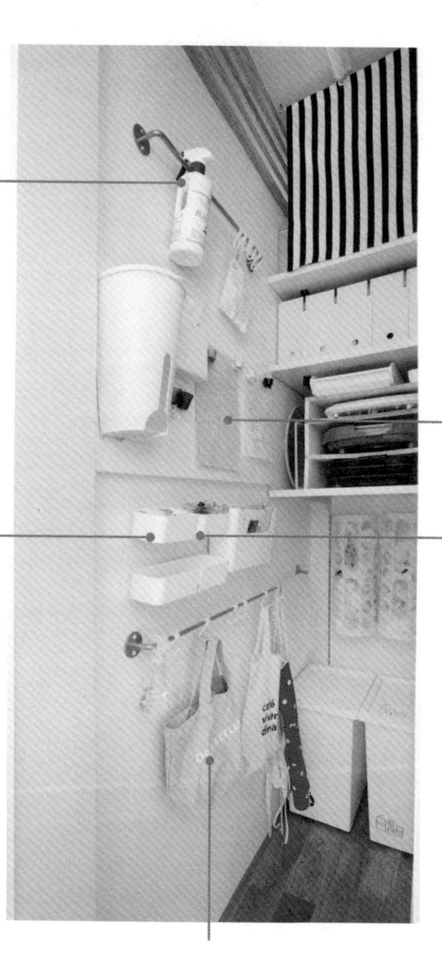

常备数个万能夹

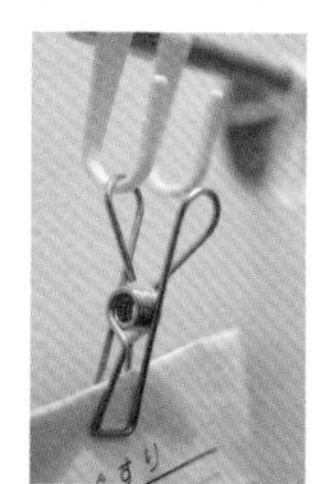

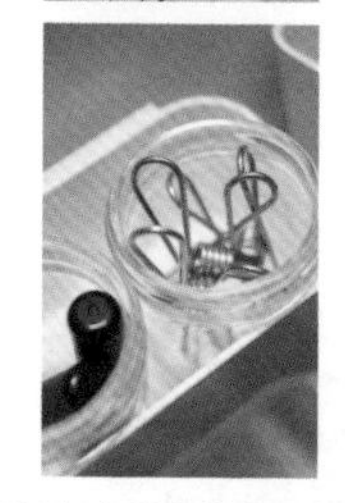

餐具间中常备数个不锈
夹，用于在挂钩上悬挂物
品，或者将开封的点心袋
夹上。可以收纳在用过的
空瓶中。

孩子用品挂在低处横杆上

孩子们可以自己管理的饭盒包、水杯袋等挂在他们容易够到的低处横杆上。喷壶里装的是水，孩子们给绿植浇水时使用。横杆靠里处还挂着孩子们的围裙。

文件处理用品统一放置

签条、夹子、曲别针、手动碎纸机等在操作台处理文件时需要使用的物品统一放于此处。印章也放在这里。

文件，在厨房操作台处站着就可以处理

我经常在厨房操作台整理文件、编写博客。曾经憧憬拥有自己专属的工作间，但其实那并不适合我。因为一旦有了固定场所，我便会因为把东西长时间放在上面变得不爱整理。而且，坐在椅子上就会意识到必须认真完成要做的事情，心情不由得沉重起来……。基于这一点，我很喜欢在操作台处理文件，可以让自己在完成厨房工作时顺便做其他工作。我站着对孩子们带回来的文件进行确认、分类。这里还存放着各种文具和文件，使我可以马上投入工作。

餐具间紧邻厨房操作台，非常方便。

把纸质通知上的日程存在手机轻松出门

孩子们从小学校和幼儿园带回来的通知，我都先积存一个学期，以便把握总体数量和类别。经过认真分析，我发现带回的通知主要有三类——每个月、每周、每天。各类通知的处理方式我在下一页进行了归纳。总之，最后需要留下的通知一并放入文件夹里用文件盒保存。

每天孩子带回来的义卖会、郊游之类的通知，由于提交时间以及实施时间大部分都在一段时间以后，有时甚至连相关通知放在文件夹里保存的事本身都容易忘掉。为防止这样的事情发生，在保存纸质通知的同时，我利用智能手机的日程管理APP进行记录。时间临近时，提醒闹铃便会提醒我注意，这时再去确认纸质通知即可。智能手机每天都带在身边，不会出现因为疏忽而忘记日程的情况发生。

不间断文件整理法

我把孩子带回来的学校通知根据时间做不同处理。
任何通知结果都是确定的，不会推迟。

everyday

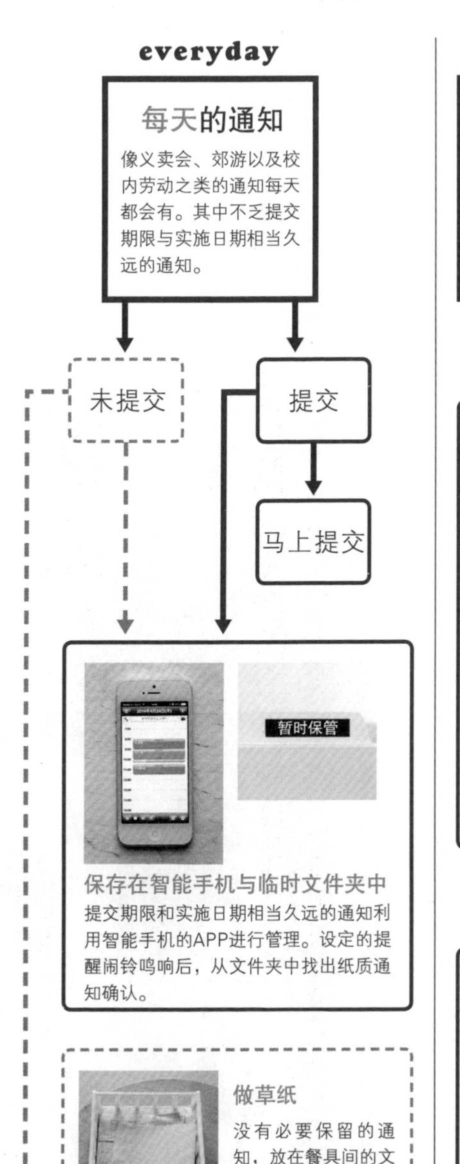

每天的通知

像义卖会、郊游以及校内劳动之类的通知每天都会有。其中不乏提交期限与实施日期相当久远的通知。

未提交

提交

马上提交

保存在智能手机与临时文件夹中

提交期限和实施日期相当久远的通知利用智能手机的APP进行管理。设定的提醒闹铃鸣响后，从文件夹中找出纸质通知确认。

做草纸

没有必要保留的通知，放在餐具间的文件盒里。积攒到一定数量后，订成孩子们的草稿本。

weekly

每周的通知

周报。内容为下周的日程和时刻表以及提交期限。

固定在磁铁板上

快速浏览餐具间墙面挂着的磁铁板上的通知。由于一天之中多次出入储物室，自然会看到。

过期的周报放到文件夹里

一周结束后，取下过期周报放入文件夹里，将下周的周报贴在磁铁板上。

monthly

每个月的通知

月报。内容为下个月的大致日程。详细情况利用周报确认。

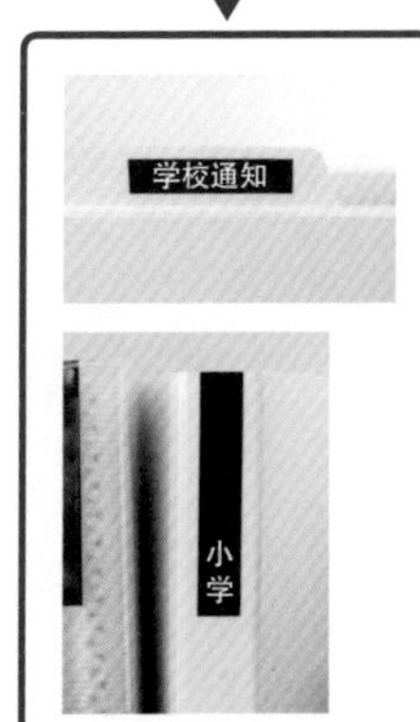

放入文件夹

收到通知后马上阅读，并放入专用文件夹保存。日程安排方面，周报比较详细，因此几乎没有必要再次取出来确认。文件夹中保存了一年的月报。

衣帽间

cloakroom

整齐划一的衣架

衣架仅仅是大小样式一致便会令人心情愉悦，所以我精心挑选了两种衣架。一种是铝质衣架，可以将挂在衣架上晾干的衬衫直接收纳起来。另一种是防滑型衣架，用于西服的悬挂。

防滑衣架

皮包使用扭钩收纳

将扭钩挂在横杆上，吊挂皮软包。有角撑的皮包，可以将两个扭钩上下连接在一起吊挂，高效利用空间。

裤子专用衣架

裤子不用叠，挂到专用衣架上即可。不擅长叠衣服的我先生，因为有了这种裤子衣架，也能把裤子挂好放回原处。由于能够一眼看清楚所有裤子，可以快速进行挑选。

扫视一眼，就可以立刻发现、取出、放回

西服尽量挂在衣架上，做到看一眼即可判断出种类和状况。这样一来，西服摆放不会出现混乱，衣帽间秩序井然。

不经常使用的物品放到上面的搁板上

充满旧时回忆的物品、以前使用过的工作簿、马拉松的纪念T恤等平时极少翻动的物品放到上层搁板上。贴上标签，以便不打开盖子也可以知道内容物。

西服的临时放置

在夫妇二人各自的抽屉柜上放着衣筐，作为西服的临时放置处。衣筐用来放置仅穿过一次还不必洗的便装。衣筐与抽屉柜的宽度几乎一致，看起来很整洁。

衣柜一人一个

我先生和我一人一个抽屉式衣柜，用来存放可以折叠的衣服。这样可以避免乱放衣服，便于管理。收纳柜使用容易推拉的金属滑道。

抽屉进深大，可以大量收纳衣物的抽屉柜。

用电线夹解决麻烦的换季更衣问题

与卧室相邻的衣帽间约有7平方米大小。我努力发挥它的面积优势，避免一换季就要重新整理换季衣物的麻烦。

如果只是将西服并排挂在衣架杆上，由于我先生的西服颜色相同，很难一眼区别出来是夏装还是冬装。于是，我在夏冬装之间夹上电线夹。这样，各自所在的区域非常明确，挑选和拿取都很简单。送去干洗的西服取回来后，也能够迅速挂到正确的位置。

电线夹分区法对衬衫、裤子、外衣等衣物的类别区分也很有效。家里偶尔出现的没有用处的电线夹竟然可以在衣帽间大显身手！感觉占了大便宜。

充分利用墙面空间的有孔板与蛇形挂钩

要使用蛇形挂钩，必须在墙壁与有孔板之间留有空隙。有孔板背面安装木方。

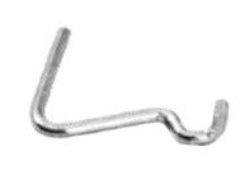

插入有孔板的孔洞中使用的蛇形挂钩

一旦注意到还有尚未利用的空间，我便会琢磨“用来做什么好呢”。因此自然不会放过墙面。首先买来有大量孔洞的有孔板。然后将方木料钉在墙壁上，并在方木料上固定有孔板。下一步便是把蛇形挂钩拧进孔中。挂钩的位置根据服装和项链等的长度决定即可。有孔板可以按照自己的需要挂上挂钩，收纳一些适合悬挂的物品。不用说，这种做法能够带来很大便利，但最让我得意的是那种充分利用所有空间之后的舒畅淋漓感。

用立式挂衣架简单收纳

我先生不擅长有板有眼地进行收纳，所以我给他准备了轻轻一搭即可完成收纳的立式挂衣架。我挑选的是通过顶到天棚和地板来固定的类型，挂钩就像仙人掌一样四处探出。因此物品之间不会打架，悬挂很多依然还有多余空间。以前随手乱放的老公，现在会主动把领带、腰带、围巾、拎包等收纳起来。立式挂衣架放置场所不受限制这一点我也很满意。

挂钩的高度可以随时调节，便于有效利用房间角落等狭小空间。

裤子衣架反方向悬挂更方便

我对以前使用过的“コ”形电脑桌进行了一番改造。在桌面上向下安装挂衣杆的支架，然后将挂衣杆固定在支架上，这样一个裤子专用衣架便做好了。

裤子衣架反向悬挂，拿取裤子时向外拽出即可，更加方便。老公不喜欢叠裤子，穿过一次的裤子经常随便堆放。现在，他会像照片中这样认真把裤子挂起来了。再说，把穿过一次的裤子挂起来，透气性也好。

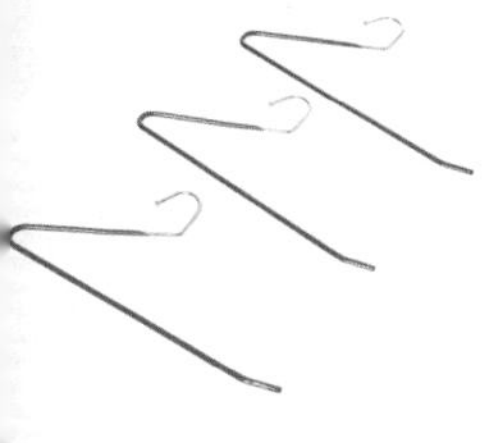

裤子易悬挂、易拿取的专用衣架。防滑的PVC涂层处理让人惊喜。

储藏室

storerroom

药品的收纳

紧急时刻使用的药品放在储藏室的入口处。药品分为口服药和外用药（涂剂、膏药等）。

说明书、保修书

家电及住宅设备（家具等）的说明书、保修书根据类别放在文件盒内的文件夹里。按照上方的索引即可轻松找到所需用品。

备用文具

在孩子可以从上方观察到的位置存放备用文具。将夹子、胶水、橡皮、铅笔等分类放入小件物品收纳盒。正面贴上塑胶贴纸。

储物架选择空间可调的

因为将来有可能调整摆放物品的种类，我选择了可以改变搁板位置、数量的储物架。

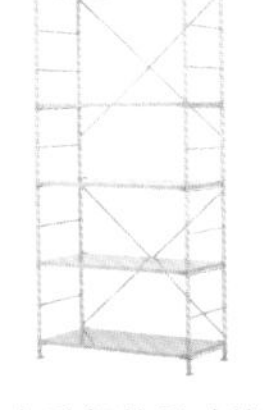

备有各种部件尺寸的钢质单元架、钢质搁板组件、宽幅大号、灰色

用织物进行遮挡

用织物对颜色突出的红色煤油罐进行遮挡。将织物用双面胶粘在上层搁板下即可。

随时可以对家人说，你们寻找的物品『在这里』

储藏室是一个长方形空间，入口在左手边。我挑选合适的收纳用品，充分有效地利用这里的空间。

收纳常用物品的黄金区域

所谓黄金区域指的是最容易取放物品的位置。这个区域存放指甲刀、“S”形挂钩、双面胶带、记事本、干电池等物品，放入带有间隔的盒子里。干电池按照型号分类放置。

信封、明信片等

浅盒里放入信封、明信片、邮票、便笺、布头等薄型物品。

占空间的大件物品放入进深大的抽屉里

放置相机用品、DIY用品、填充材料、包装材料、缝纫工具等。形状各异、笨重的物品集中放置到进深大的抽屉里。

季节用品放到里侧

暖炉、暖风机等较重物品放在带脚轮的台上，储藏位置在最下面。收纳后，一段时间内不会使用，所以靠里放置也无所谓。

我的目标是建成办公室那样的储备仓库

经过观察，我发现像文具、干电池、缝纫用具、保险单、包装材料等容易放到起居室的物品只有两类，即备用品和仅偶尔使用的物品。这两类物品均不经常使用，于是我决定将它们从起居室转移到一楼的储藏室，这样就不会四处乱放。集中起来存放，便于家里任何人找寻需要的物品。

我的目标是将储藏室建成在我做办公室女职员时期便非常心动的办公室储备仓库。每次去那里，我都会被它的美所吸引，陶醉不已。我家储藏室的收纳系统是由能够重新组装的单元架构成的。因为规格相同，储物盒、抽屉的搭配完美无缺，甚至颜色都统一为白色。我家的储藏室终于成了我一直向往的样子。

药品并非一定收纳在一个箱子里

孩子有一次患流感，口罩数量异常增加，甚至导致药箱收纳不下的情况出现。无奈之下，我便打算增加一个药箱。这时我注意到，药品大致也分为两类。一类是口服药，另一类是绷带、膏药等体外使用的药物、材料。

这些药物很少同时使用，于是分开收纳。这样，既保证了轻松拿取，又因寻找范围缩小而使翻找变得更加容易。

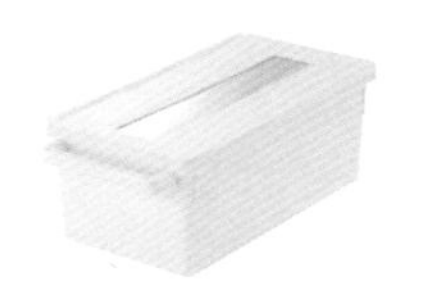

带有隔板，能够分类收纳的储物盒，盖上盒盖后，可以叠放

专栏4　认真思考合适的收纳场所，引导家人积极参与

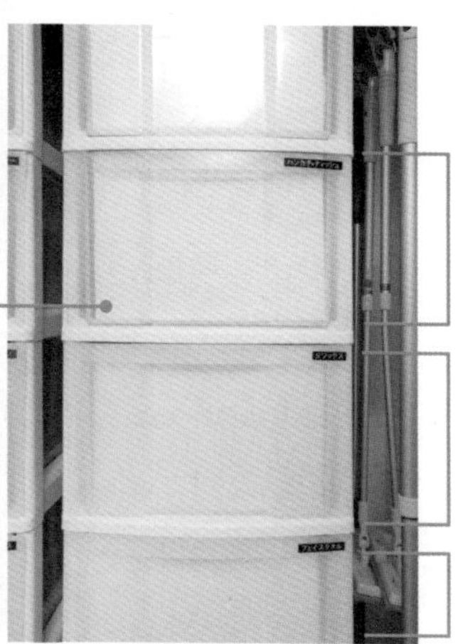

百货商店的销售策略中有一种“请君入瓮”的做法，我将这种做法应用到收纳方面。“请君入瓮”的对象自然是我先生和孩子们。

首先应用的场所是一楼楼梯下空间的收纳。这里与衣帽间相邻，因此集中了所有人的内衣。孩子们的内衣放在下层，可以使他们自己完成洗浴的准备工作。最下层放着泳衣和儿童用手巾等物品。

对面是洗脸台，我先生早晨做上班前准备的用品放在这里。按照“将手帕放入手提包里”→“穿上袜子”→“洗脸梳头”的顺序，将所需物品从上面开始进行摆放，力求所有动作路线最短化。以前我先生上班前总是手忙脚乱，现在变得自然流畅。我的“请君入瓮”策略基本上取得了成功。

第5章　整洁干净的家

即使家中最容易变得脏乱的地方，

也尽量做到不花费很多精力去收拾。

收纳力求使我先生和孩子们可以身体力行，

不从外面带入垃圾以及会让家里变得脏乱的污染源。

最大限度发挥家装的力量，

通过统一色调、合理搭配，使家中更加明亮整洁。

盥洗室、卫生间与玄关无疑是家人经常出入的场所，也是客人会光顾之处。

如果能以“无论何时何人来访都没有问题”的心态面对，家里便会一直保持整洁。

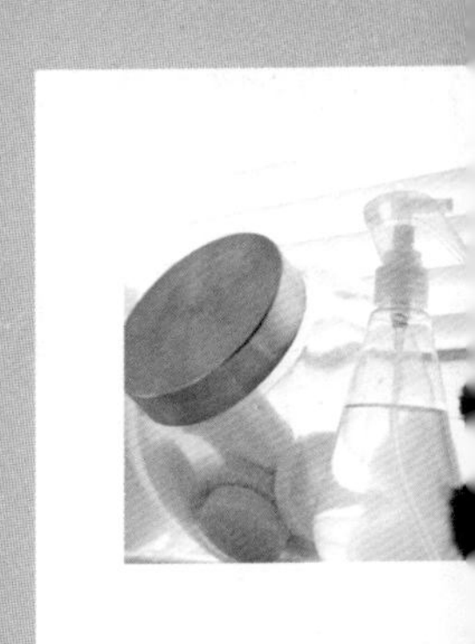

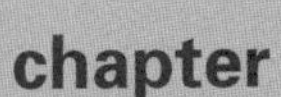

以他人审视的目光打造令心情愉悦的空间

洗衣间

laundry

窗前不摆放置物架

以前曾经在窗前摆放过金属架，使室外照射进来的光线受到遮挡，让我感觉洗衣间有些阴暗。于是，我撤走金属架，在墙壁上安装搁板。搁板为白色系，尽量做到能够与墙壁颜色协调起来，不会喧宾夺主。

洗衣机上摆放衣篮即可

洗衣机上放置一个白色的钢丝篮，脱下来的衣物放入其中。钢丝篮的四边宽度与洗衣机相同，看起来很整齐。我参照的是国外家装杂志刊载的洗衣间样板。

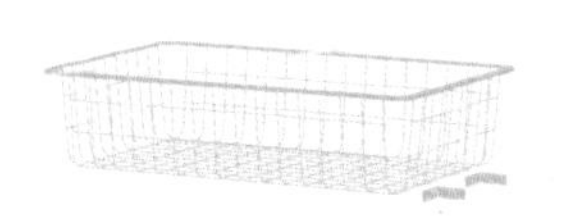

推荐用于衣物的暂时存放。最适合洗手间等湿气大的场所收纳。

肥皂、洗涤剂等放入玻璃罐中

肥皂拆封后放入玻璃罐中，感觉有杂货店货架的摆放风格。将别人给我的圆形肥皂混入其中，更显漂亮时尚。左侧罐放的是洗衣粉。玻璃罐用的是原来厨房装粉类物品的罐子。

重视色调与整洁，不担心他人审视的目光

客人使用洗手间时，目光会不经意地扫视到洗衣间。我很在意别人对洗衣间的观感，因此在色调和摆放方式方面颇下了一番功夫，让洗衣间看起来清爽整洁。不露在表面的物品我也注意摆放方式。

毛巾收纳在可以看到的地方

认真折叠起来，摆放到搁板上，让人可以看到。毛巾出圆弧处朝外，给人以整齐的印象。毛巾定期更换，因此看上去一直很挺实。色调以时尚的冷色系为主。

吸尘器放在更衣间的角落里

更衣间每天都在洗浴时使用，需要清扫掉落的衣服线头、头发。因此我在抽屉柜旁准备了一个充电式吸尘器。需要时伸手取过来按下电源，马上就可以打扫。

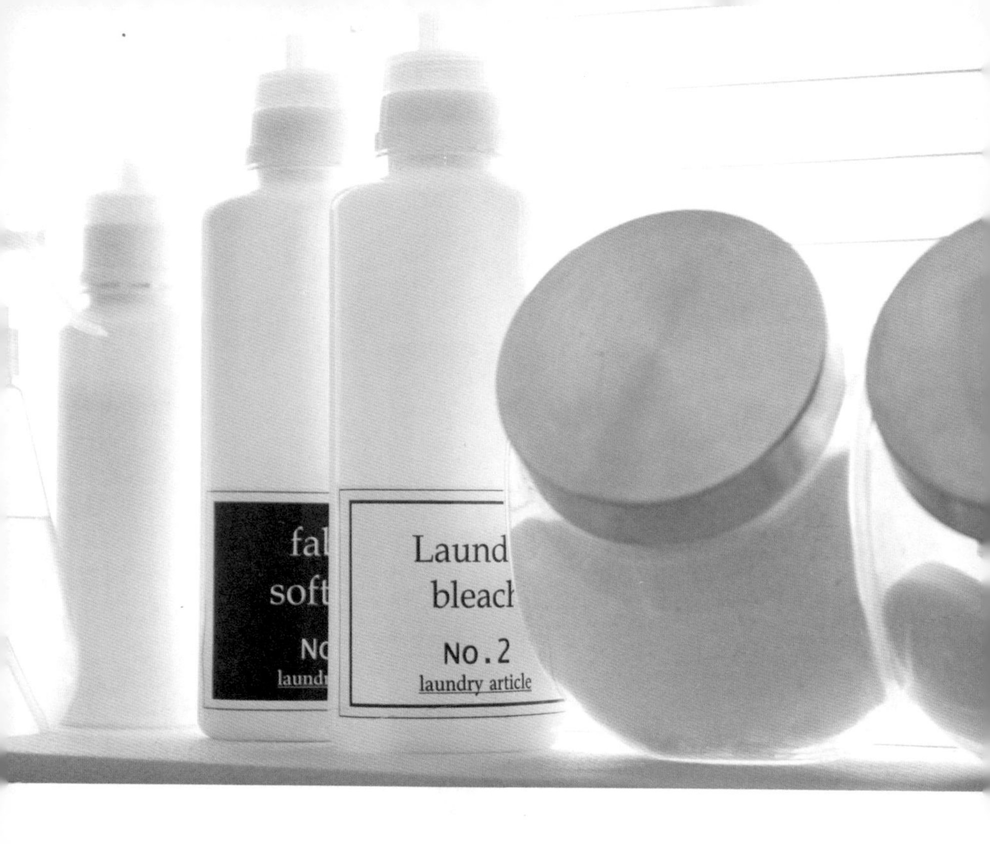

白色系使洗衣间整齐划一

以前色调杂乱无章，使洗手间和更衣间显得很混乱。为实现充满整洁感的“专属洗衣间”，我决定用白色统一整个洗衣间的色调。当然，由于洗衣间在建筑物的北面，光线较暗，所以选用白色系也是为了让洗衣间看起来明亮一些。

首先撤去金属架，在墙壁上安装搁板。搁板贴上白色壁纸，使其融入墙壁中。抽屉柜的顶部、洗涤剂容器都替换成白色调。这样整个洗衣间一片白色。通过改变色调，就使洗衣间基本符合了自己的愿望，洗衣服成为一件快乐的事情。

毛巾三年更换一次

厉行节俭的我经常在毛巾用到破烂不堪才会注意到。这样无法保证家人的“舒适”感，因此决定以3年为一个循环更换新毛巾。

感觉酒店用的毛巾质量很好，结果一打听价格，竟然要2000日元一个。本来想要放弃，却在其他商店发现了价格合适的毛巾！挺实，容易折叠。灰色的毛巾给洗衣间带来冷艳的印象，充满酒店范儿，让我十分倾心。

这款毛巾比正常手巾大，在我家当作浴巾使用

洗脸台下的储物空间按人和物品类别进行收纳

经过反复改良，洗脸池收纳终于取得今天的成果。由于细小的物品很多，因此按人头和物品种类，使用储藏盒进行管理。下层为孩子的固定位置，中层为大人的固定位置。

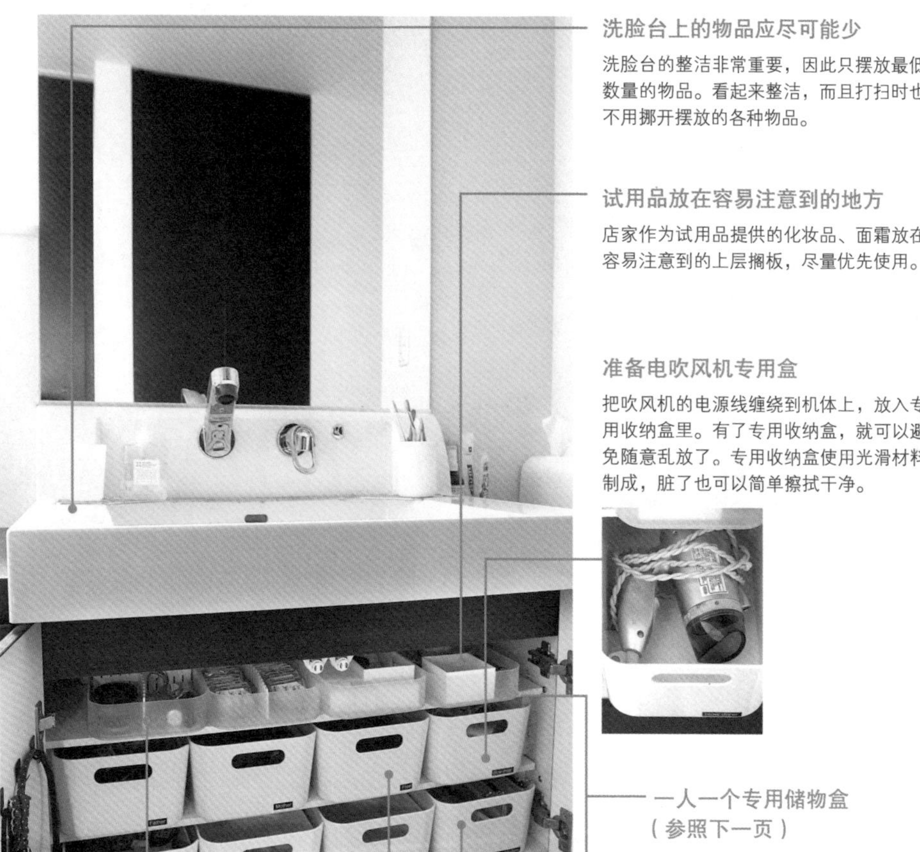

洗脸台上的物品应尽可能少

洗脸台的整洁非常重要，因此只摆放最低数量的物品。看起来整洁，而且打扫时也不用挪开摆放的各种物品。

试用品放在容易注意到的地方

店家作为试用品提供的化妆品、面霜放在容易注意到的上层搁板，尽量优先使用。

准备电吹风机专用盒

把吹风机的电源线缠绕到机体上，放入专用收纳盒里。有了专用收纳盒，就可以避免随意乱放了。专用收纳盒使用光滑材料制成，脏了也可以简单擦拭干净。

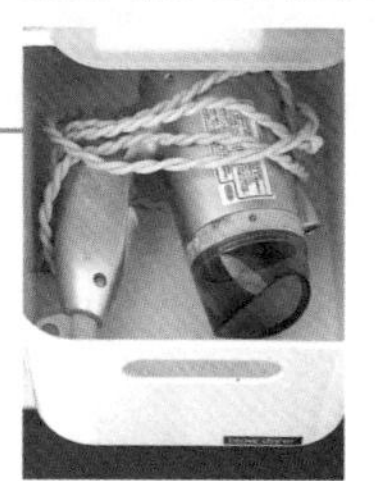

一人一个专用储物盒

（参照下一页）

牙刷每月第一天更换

由于“还能用”的想法会使更换牙刷的时间一直拖延下去，因此确定每月1号为牙刷更换日，从而保证家人的健康。

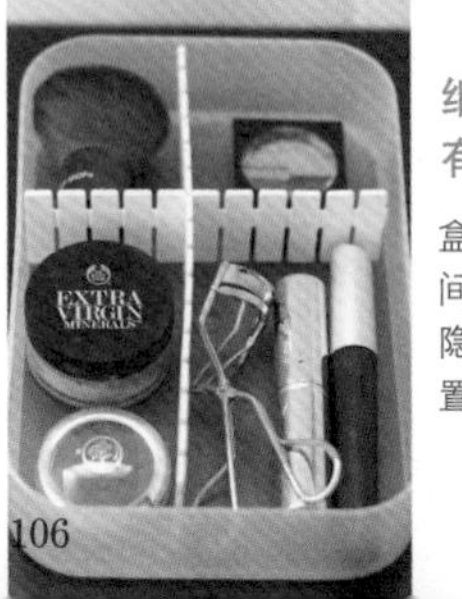

细小物品放入带有隔板的盒子里

盒子里放入隔板分隔空间。化妆用品按照形状、隐形眼镜按左右分开放置，取用方便。

自由空间

美其名曰“自由空间”，实际上就是随意放置物品的空间。收纳的都是像长女从幼儿园毕业时佩戴的胸花等没有特定收纳场所的物品。这里成为那些容易下落不明物品的“避难所”。

共享空间一人一个收纳盒

我娘家的洗脸台是经常发生因放置物品而导致空间争夺战的“战场”。我们三兄妹各有自己喜欢的护发品和化妆品。谁的这类物品多，谁就会霸占洗脸台的使用空间。

我不希望在我的家里发生上述情况，便实行一人一个储物盒制，平等分配空间。这样大家也会养成自己管理物品的习惯，不再有“我的东西在哪里”这样的发问。购物时，我如果问道:“你的盒子里还能放下吗？”效果非常明显，孩子伸出的手马上就缩回去了。

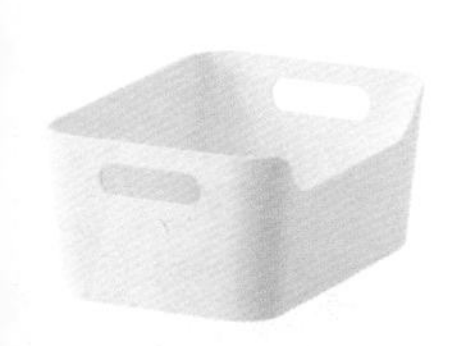

圆角储物盒，用易于擦拭的材料制成。也可用于食品、文件的收纳

洗手间

toilet

利用咖啡渣消除异味

咖啡渣放入敞口器皿中。一打开洗手间门便会飘出淡淡的咖啡香气，使人不再为卫生间的异味担心。

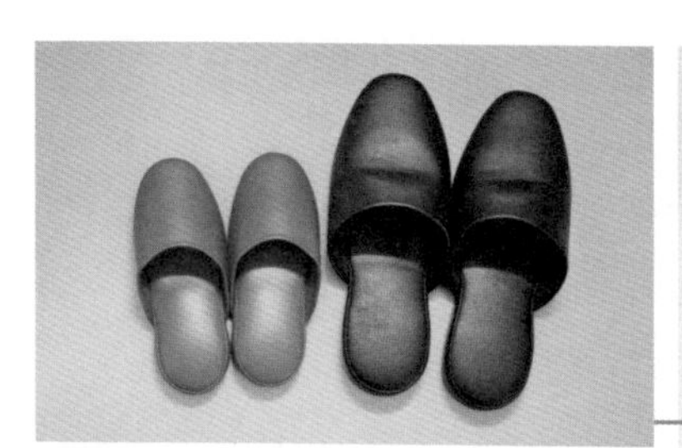

孩子的拖鞋

准备了儿童用拖鞋，2岁的孩子也可以顺利穿脱。我很喜欢拖鞋带有商用色彩的设计样式、海军蓝。而且制作拖鞋使用的乙烯材料便于擦拭污渍。

（右）拖鞋，黑色，L号
（左）儿童拖鞋，蓝色

带盖的马桶刷

考虑到访客的心情，我将不便收纳起来的马桶刷放到带盖的容器里。因为看不到刷子，心情大不一样。塑料材质很便宜，可以轻松更换。

马桶刷，黑色

利用人造花提升环境氛围

不善于养花种草的我，利用人造花来营造房间内的环境氛围。左侧是放在洗手间窗边的唐松草，有消除异味功能。右侧是放在厨房水槽旁的迷你纽扣蕨叶。只需将人造花插进花盆即可。

创建一个具有治愈功能的空间

对洗手间，我从外观与使用便利性两方面考虑。因为希望如厕的人保持心情愉快，我想方设法使洗手间没有异味和污渍。

使用圆镜提升氛围

模仿一家时尚餐馆，在我家的洗手间墙上挂了一面马赛克框的圆镜。给明亮的空间增加不少柔和度，使洗手间的氛围得到大幅度提升。

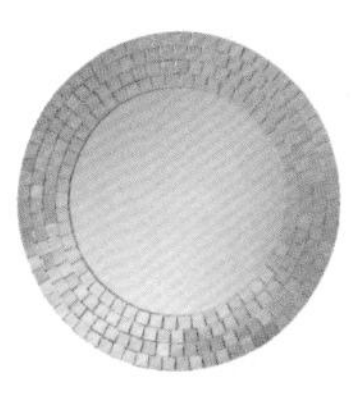

圆镜

卫生用品统一放到洗手间

在洗手间有时会发生紧急情况，因此应准备好需要时马上能够用上的物品。清扫工具放入自制的塑料箱里，清洁湿巾等放入抽屉。抽屉贴上塑料板进行遮挡。

使用绿植提亮空间

在位于北侧光线较暗的洗手间里放置绿色植物以增加明朗氛围。生命力顽强的虎尾兰缺乏光照也毫无问题。陶盆中放入泥炭土，洗手盆侧便有了一个小小的心灵慰藉之所。

玄关

entrance

立式衣架

在玄关门厅放置一个立式衣架，用于悬挂拎包等物品。简朴的树形衣架非常实用，而且也有一定的装饰作用，使门厅处空间增色不少。

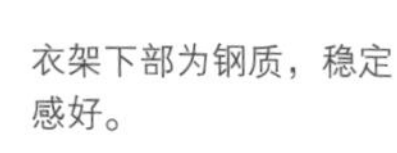

衣架下部为钢质，稳定感好。

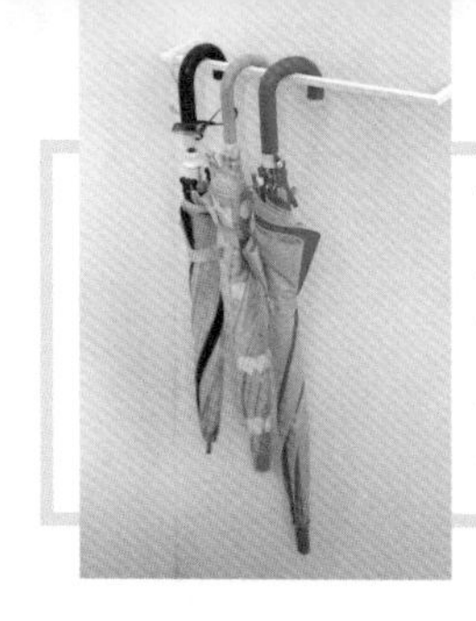

雨伞挂在钢质挂杆上

在墙上安装圆钢条，作为一家人挂伞处。已经淋湿的雨伞放在门外的伞架上，以免弄湿玄关地面。晾干的雨伞挂到这里。玄关没有放置伞架显得很宽敞。

孩子们的鞋

季节性外出用品

把原来在起居室里使用的白桦木风格的篮子放到玄关一角。篮子里放入孩子们的帽子、虫笼等季节性外出用品。篮子充满自然风，成为具有装饰性的收纳用品。

鞋子的临时存放处

鞋柜下的鞋架上摆放着要临时穿用的皮鞋、运动鞋。这样可以不用将鞋直接放到地面上，能够保持玄关地面的整洁。鞋架为伸缩式，小巧轻便。

鞋架，框架式，可以将两个鞋架叠放使用。

一天里多次通过的场所要保持整洁

连接室内与室外的玄关摆放鞋子、雨具、玩具等各种各样的物品。首先要保证这些物品的存放空间，避免从室外带入的垃圾、灰土在室内散播开来。

鞋柜上保持简单洁净

鞋柜上摆放的物品只有石英钟、小雕塑、小盘。小盘里放我先生的钥匙，其他钥匙挂在门内侧的挂钩上。钥匙分开放置，以免拿错。

我的鞋

我行生的鞋

外出游戏用品、园艺用品

孩子们在室外游戏时使用的物品放在这里。此外，还放有折叠伞、园艺用品。这里不用脱鞋便能取出或者放入。

孩子们的鞋，一人一层，简单明了

我以前把孩子们的鞋分为运动鞋、凉鞋、靴子等种类放置，经常容易拿错。尺寸接近，从颜色和样式又很难区分是男鞋还是女鞋，容易发生混淆。

因此，我改变做法，将孩子们的鞋按层放置，一人一层。孩子们记住自己的层数后，拿错的情况就很少发生了。不按鞋的种类，而是按照人的不同分层管理更适合孩子们吧。

照片里面，从最上层向下，依次为正式场合用鞋、长女的鞋、长子的鞋、次子的鞋。正式场合用鞋平时很少穿，因此单分一类管理，三个人的正式鞋都放在最上层。有一定高度的长筒靴和短靴集中放在最下层。

待洗刷的脏鞋单独存放

脏鞋放入鞋柜下方的专用盒里等待洗刷。如果直接放回鞋柜，孩子们会穿着脏鞋出门，我也会注意不到鞋子脏了。

专用盒是用一种柔软的材料制成的，放水进去哗啦哗啦洗也没关系。带上鞋刷和肥皂，抱着专用盒去水槽那里，很快就能洗刷好。减少准备工具的时间，对于凡事怕麻烦的我来说非常重要。

我将原本为洗餐具而设计的盒子用于刷鞋。这是不受原有观念束缚的收纳方式之一。

专栏5 不受思维限制的收纳方法

我在挑选收纳用品的过程中，经历过无数次的失败，终于找到了符合自己的解决办法。那就是不要拘泥于物品的用途，而要着眼于物品的特性。

在商场的各个柜台观察收纳用品的大小、形状、材质、颜色。打算收纳的物品种类与空间尺寸的数据预先储存在智能手机里，可以用来确认是否符合条件。这个方法也适合在大型家装中心找寻心仪的收纳用品，使发现完全满足需要物品的机会大幅增加。

例如，下一页提到的聚丙烯啤酒储藏箱，宽度与啤酒罐一致，几乎能收纳一整箱啤酒。另外还有前文提到的作为脏鞋存放、刷洗使用的专用盒。虽然这款产品原是厨房用品，但制作材质具有污渍难以附着且容易去除的特性，非常适合放置脏鞋。前者在厨房用品柜台，后者在玄关收纳用品柜台根本找不到。

孩子们浴盆里玩的玩具装入底部带有漏水孔的洗物桶中。这种在厨房用品柜台购买的洗物桶沥水性好，不会发霉。以前我使用网框和挂网，但无法解决发霉、生锈问题。

我家啤酒放在储藏室入口处，从起居室能够直接看到，所以从啤酒箱里将啤酒取出来，装入聚丙烯箱中。这种小号聚丙烯箱带有箱盖，正好可以装入高度为11cm的啤酒罐，看起来也很整齐。

二楼使用的洗手间清扫工具放入天然材料制成的垃圾篓。我曾经四处寻找与搁板尺寸相配，并符合环境氛围的天然材质收纳用品，结果发现了它。

我的收纳历程，从失败中懂得如何收纳

前面介绍的收纳方法不过是一种结果，可以说类似在某种场合做的心得报告。而在得到现在的结果之前，我经历了长期的失败。

我喜欢思考收纳的方式，但是能否真正有效地发挥作用则是另一个问题。其中，储藏室的收纳非常棘手，成为改变我收纳观的一个转机。如果能有人通过阅读我的收纳心得，感到“这么简单，我好像也能做到”，这样的人哪怕只有一位，我就知足了。基于上述考虑，在此公开我改造储藏室的情况。

房门before & after

8年前

随意放置物品

那是刚搬家不久的时候。因为还在公司上班没有时间收拾，物品处于随意堆放的状态。由于不知道物品的位置，经常在找东西上面花费大量时间。而且物品的放置位置也不固定，用过的物品随手乱放。

5年前

开始改造

着手进行整理。利用从租房子时期就开始使用的金属架构建物品摆放处。绝大多数收纳用品都是利用家里现有物品。

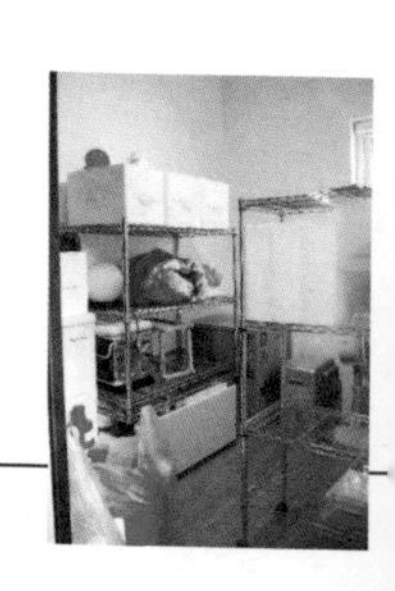

告一段落

处理掉不需要的物品。减少物品数量，经常使用的物品放置到容易取放的位置，这样一来，找寻所需物品变得相当容易。不过，物品的分类很粗糙，找寻起来有时会颇费时间。

反弹

半年后，出现反弹。收纳用品与需要收纳的物品不配套，不是难以取放，就是物品下落不明。由于没有认真研究使用频率以及使用场合，需要时不能马上找到。

3年前

开始再次挑战

老老实实制订收纳计划，开始重新挑战。具体过程为：『列出需要收纳的物品清单』→『分析使用频率以及使用场合，并分类』→『调研各种物品适合的收纳用品』→『将物品的分类方法与收纳用品绘成图进行模拟收纳』。收纳用品配齐，并同时考虑是否能应对今后生活的变化。最后，终于实现了没有反弹的收纳！

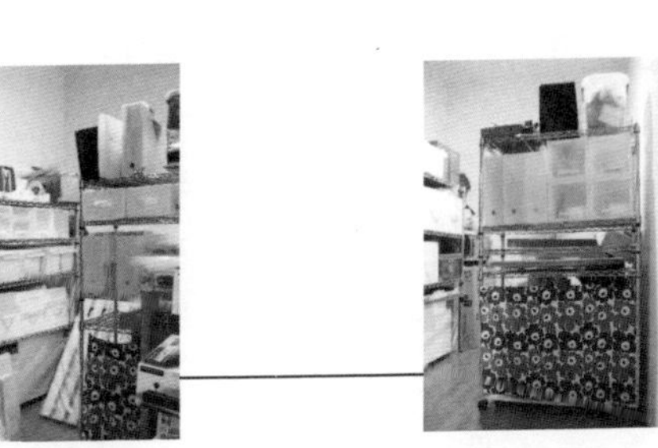

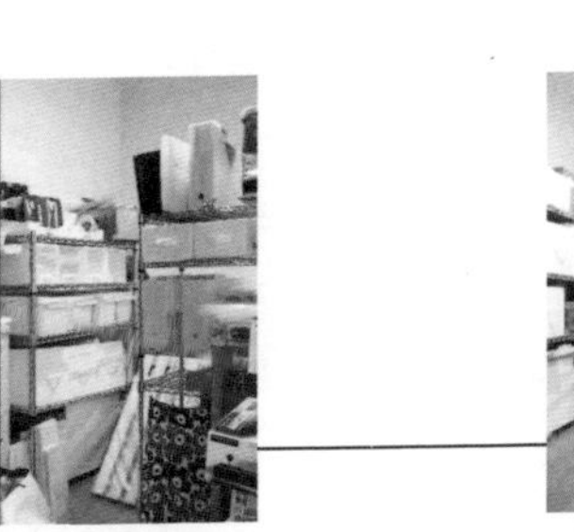

结束语

上天公平地给予我们每个人一天 24 小时。这 24 小时“与谁度过”“如何度过”的问题非常重要，然而“在哪里度过”就不重要吗？作为比任何人都要了解家庭所有成员生活方式的主妇，我被日益强烈的使命感所驱动，坚定认为，必须保持自己每天度过 24 小时的“场所”整洁有序。

长女 3 岁、长子 1 岁时，我作为系统工程师从事全职工作，每天忙于工作和家务。我的家和快乐舒适的状态相去甚远，完全没有成为抚慰家人的温馨港湾，我也没有担起作为一名主妇的责任。怀第三个孩子时，长女 4 岁、长子 2 岁。看着不断长大的孩子们，让他们在家里度过的时间成为最充实的时间，让他们在整齐清洁的空间里体验到生活的喜悦的想法逐渐强烈起来。从那以后，我开始着手一点一滴经营我的家，到今天我已经实现了我的理想。

如果用人的身体来比拟，我认为收纳场所就是血管，要收纳的物品是血液。就像血流顺畅的话身体就会健康一样，物品流动顺畅的家也可以说是快乐舒适的家。经常有人说：“井然有序的家，空气的流动都会很顺畅。”我现在确实切身体验到了这种感受。家里的物品变得井然有序后，流动在其中的空气也清新起来。

经过长期努力，“在什么样的地方度过 24 小时”的课题得到了解决。如今，家人的生活方式处于不断变化之中。今后，我将继续构建“令家人流连的港湾”。

黑版贸审字 08-2018-115
图书在版编目(CIP)数据

明媚生活的收纳魔法 / (日) mk 著; 田葳, 徐英东译. —哈尔滨: 黑龙江科学技术出版社, 2018. 10
ISBN 978-7-5388-9837-8

Ⅰ. ①明… Ⅱ. ①m… ②田… ③徐… Ⅲ. ①家庭生活—基本知识 Ⅳ. ①TS976. 3

中国版本图书馆 CIP 数据核字(2018)第 177961 号

明媚生活的收纳魔法
MINGMEI SHENGHUO DE SHOUNA MOFA
(日) mk 著 田 葳 徐英东 译

项目总监 薛方闻
项目策划 郑 毅
责任编辑 郑 毅 梁祥崇
装帧设计 新华环宇
出 版 黑龙江科学技术出版社
地址:哈尔滨市南岗区公安街 70-2 号 邮编:150001
电话:(0451)53642106 传真:(0451)53642143
网址:www. lkcbs. cn
发 行 全国新华书店
印 刷 天津盛辉印刷有限公司
开 本 880mm×1230mm 1/32
印 张 4
字 数 120 千字
版 次 2018 年 10 月第 1 版
印 次 2018 年 10 月第 1 次印刷
书 号 ISBN 978-7-5388-9837-8
定 价 39. 80 元

MK-KITCHEN
SPECIAL